Berlin Sommer '95.
Unterwegs und Folgen

Neue Berlinische Architektur: Eine Debatte

herausgegeben von
Annegret Burg

Birkhäuser Verlag
Berlin · Basel · Boston

Herausgegeben von Annegret Burg
im Auftrag der Senatsverwaltung für Bau- und Wohnungswesen, Berlin.

Redaktionelle Mitarbeit: Carola Ode

Umschlagfoto: Luftbild von Berlin mit altem Zentrum, Friedrichstadt und Tiergarten.
Bildflug 1991, Amt für Militärisches Geowesen, Euskirchen.
Vervielfältigt mit der Erlaubnis der Senatsverwaltung für Bau- und Wohnungswesen - V -
vom 18.03.1994.

Die Deutsche Bibliothek – CIP-Einheitsaufnahme

Neue berlinische Architektur : eine Debatte / Annegret Burg
(Hrsg.). [Im Auftr. der Senatsverwaltung für Bau- und
Wohnungswesen, Berlin]. – Berlin ; Basel ; Boston :
Birkhäuser, 1994
ISBN 3-7643-2998-X
NE: Burg, Annegret [Hrsg.]

Gedruckt auf säurefreiem Papier, hergestellt aus chlorfrei gebleichtem Zellstoff
Printed in Germany
ISBN 3-7643-2998-X

9 8 7 6 5 4 3 2 1

Inhalt

Annegret Burg

Vorwort

Berlin befindet sich inmitten einer Zeitenwende, die alle Bereiche der Architektur und des Städtebaus berührt. Tiefgreifende Veränderungen haben eingesetzt, die das Stadtbild und die Stadtstruktur, das städtische Leben und seine innersten Funktionszusammenhänge betreffen. Seit dem Fall der Mauer hat eine Planungs- und Bautätigkeit eingesetzt, die in Umfang und Intensität, aber auch in ihren durch die historische Entwicklung hervorgerufenen Besonderheiten und Bedingungen in keiner anderen europäischen Stadt ihresgleichen findet.
Unter großem Zeitdruck entstehen städtebauliche und architektonische Entwürfe, die oft den rechtskräftigen Bebauungsplänen zeitlich vorgeschaltet sind. So wird im Bereich der Innenstadt an der Beseitigung der Blessuren gearbeitet, die Krieg, Nachkriegszeit und Mauerbau tief in den Stadtkörper eingeschnitten haben. Die Lebensadern der Stadt werden über den ehemaligen Mauerstreifen hinweg wieder miteinander verknüpft. Die über Jahrzehnte nur noch zweidimensional aus der Luft ablesbaren Plätze der barocken Friedrichstadt – Pariser Platz, Leipziger Platz mit Potsdamer Platz – oder der Platz der Republik vor dem Reichstag sollen als Stadträume neu entstehen. Im Spreebogen wird bis zur Jahrtausendwende das Parlaments- und Regierungsviertel gebaut; Ministerien und andere politische Institutionen sind im Bereich der Spreeinsel und der Wilhelmstraße geplant. Gemeinsam mit neuen Kaufhäusern, Hotels, Büro- und Geschäftshäusern werden sie das künftige Bild der City prägen.
Während mit unzähligen über die Stadtsilhouette ragenden Baukränen innerstädtischer Großbaustellen die Verdichtung der Mitte zur Geschäfts- und Regierungsstadt bereits im Straßenraum ablesbar wird, laufen zugleich Planungen für ein umfangreiches Wohnungsbauprogramm, wie es kein anderes Bundesland zu bewältigen hat. Wohnungen und Folgeeinrichtungen wie Schulen und Kitas entstehen sowohl im Bereich der gewachsenen Stadt als auch an der Peripherie und im unmittelbaren Umland. Bei einigen dieser Stadterweiterungen handelt es sich um regelrechte Neugründungen von Vorstädten; exemplarisch seien die Planungen für Karow Nord, Wasserstadt Spandau, Buchholz, Buch, Biesdorf, Treptow, Altglienicke, Rudow und Staakener Felder genannt.
Mit einem derart umfangreichen Bauprogramm wird die Stadt von einem Entwicklungsschub eingeholt, auf den sie keineswegs vorbereitet ist und zu dessen Bewältigung Rezepte weder auf der Hand liegen, noch aufgrund des enormen Zeitdrucks im Vorfeld erarbeitet werden

können. Bestenfalls können parallel zu den auf Hochtouren laufenden Entwicklungs-, Planungs- und Bauprozessen Strategien gefunden werden, Konventionen oder Regelwerke, mit denen Auswüchse städtebaulicher und architektonischer Beliebigkeit und Willkür gebändigt werden sollen. Eines dieser Regelwerke ist die von der Senatsbauverwaltung für den Bereich der historischen Mitte vertretene „Kritische Rekonstruktion", mit der vermieden werden soll, daß das künftige Bild der Stadt durch den Zeitdruck, die Interessen der Spekulation oder die Moden eines oberflächlichen Architekturdesigns diktiert wird.
Welche Formen und Strukturen aber sollen in der Stadt Gestalt annehmen, welches Stadtbild wird aus dem vehement voranschreitenden Entwicklungsprozeß hervorgehen? Wie kann Berlin sich zu einer Metropole entwickeln, ohne seine berlinspezifischen Wesenszüge zu verlieren? Was schließlich ist das für Berlin Typische, Charakteristische, das Besondere, das die Stadt von Hamburg, Frankfurt am Main oder Dresden unterscheidet?
Um der Beantwortung dieser Fragen ein Stück näher zu kommen, wurde im Sommer 1993 das Symposium „Auf dem Weg zu einer Neuen Berlinischen Architektur?" durch die Senatsverwaltung für Bau- und Wohnungswesen durchgeführt. Unter der Leitung von Fritz Neumeyer debattierten Architekten, Architektur- und Kunsthistoriker, Schriftsteller und Vertreter der Senatsbauverwaltung über die aktuellen Planungen und über ihre Sicht des Berlintypischen und seine Verankerung in der Berliner Tradition.
Die Debatte und die Vorträge – die in diesem Buch, wenn auch nicht vollständig, in überarbeiteter und erweiterter Form zusammengestellt sind – zeichnen ein facettenreiches Bild der Stadt. Bis in die Gegenwart hinein lassen sich Traditionen und Kontinuitäten erkennen, die immer wieder aufgegriffen, variiert und weiterentwickelt werden. So zeichnet sich eine Bautradition ab, die vom preußischen Klassizismus über die Neue Sachlichkeit bis zum Rationalismus der Gegenwart führt. Im Bereich des Städtebaus findet sie ihre Entsprechung in den planmäßigen Stadtgründungen und -erweiterungen des Mittelalters, des Barock, der Gründerzeit, der zwanziger und der neunziger Jahre. Daneben gibt es eine zweite wichtige Entwicklungslinie der Berliner Architektur, die vom Expressionismus der zwanziger Jahre über den organischen Funktionalismus der Nachkriegszeit zu den dekonstruktivistischen Ansätzen der Gegenwart führt; die Visionen der Gläsernen Kette, die Entwürfe von Mendelsohn, von Scharoun, von Ruegenberg oder Libeskind stehen in einer dialektischen Spannung zu der Hauptlinie der Berliner Bautradition von Schinkel über Behrens bis Kleihues. Ebenso wie die Dialektik zwischen Wandel und Kontinuität, Experiment und

Beständigkeit, Vision und Pragmatismus, befruchtete sie die kulturelle Debatte auch über die Grenzen der Stadt hinaus und war die Triebfeder für bedeutende architektonische Leistungen auch in Zeiten großer Entwicklungsschübe, knapper Mittel und schneller Entscheidungen.
Die Beiträge machen deutlich, daß Berlin eine offene Stadt ist, die für den Betrachter viele Wahrnehmungsebenen bereit hält. Es gibt die imaginäre Ebene einer mit Mythen behafteten Stadt, die visionäre Ebene einer kühn in die Zukunft blickenden Stadt, die quotidiane Ebene eines überlebensnotwendigen Pragmatismus. Berlin muß aber auch offen bleiben für die unterschiedlichen Architekturrichtungen unserer Zeit. Namhafte Architekten aus aller Welt wagen hier das Experiment des Wiederaufbaus einer europäischen Stadt. Die Debatte hierüber in Zeiten stürmischer Entwicklung aufrecht zu erhalten, Architekten und Planer zu einem Gedankenaustausch über Grundlagen und Gemeinsamkeiten ihrer Arbeit und über die für die Stadt wesenskonformen Gestaltelemente, Typologien oder städtebaulichen Strukturen einzuladen, ist Anliegen dieses Buches.

Hans Stimmann, Senatsbaudirektor Berlin

Einleitung

Das vorliegende Buch basiert auf Vorträgen und Diskussionen, die am 15. und 16. Juni 1993 unter dem Arbeitstitel „Auf dem Weg zu einer neuen Berlinischen Architektur?" im Rahmen der „Berliner Bauwochen" gehalten und geführt wurden. Waren die von der Senatsbauverwaltung durchgeführten Bauwochen mit Baustellenbesichtigungen und Ausstellungen stolze Leistungsbilanz und Dokument einer neuen „Lust am Bauen", so diente das Symposium der selbstkritischen Überprüfung des Ziels, mit den aktuellen Bauprojekten wieder an die große Tradition Berliner Städtebau- und Architekturleistungen anzuknüpfen.
Der Arbeitstitel des Symposiums sollte darauf verweisen, daß es am Ausgang des zwanzigsten Jahrhunderts nicht nur darum gehen darf, modern, oder vielleicht ökologisch und modern oder vielleicht international und modern zu bauen, sondern diese Modernität der Architektur auf den Ort Berlin und seine eigenen Traditionen zu beziehen. Unserer eigenen Tradition entsprechend ist die Umsetzung dieses Anspruches, fern jeder provinziellen Enge, nicht nur eine Aufgabe für Berliner Architekten, sondern eine Aufforderung an alle Architekten des In- und Auslandes, die in diesem Sinne an der zukünftigen Gestalt unserer wiedervereinigten Stadt mitarbeiten. Mehr als andere europäische Städte braucht Berlin sowohl die Besinnung auf die eigene Tradition als auch geistige Offenheit für neue Entwicklungen.
Eine Bauverwaltung ist natürlich nicht in erster Linie ein Ort für architekturtheoretische Zuspitzungen. Dafür gibt es die Berliner Hochschulen und die Fachzeitschriften, Theorieorgane und Feuilletons der überregionalen Presse. Aber eine Verwaltung, die für viele Jahrzehnte baut, oder genauer, von freiberuflich tätigen Architekten bauen läßt, würde wohl ihrer Aufgabe nicht gerecht, wenn sie gegenüber der Öffentlichkeit nicht Zeugnis über ihre architektonischen und städtebaulichen Absichten ablegen würde. Das im Rahmen der Bauwochen durchgeführte Symposium versteht sich daher als Ergänzung zu den bisher einundzwanzig Architekturgesprächen der Berliner Architekturwerkstatt der Senatsbauverwaltung über aktuelle Architektur- und Ingenieurbauthemen und -projekte. Es versteht sich insoweit als Ergänzung, als es im Rahmen der Architekturgespräche wegen der Zeitbegrenzung kaum je möglich ist, die den Projekten zugrundeliegenden architekturtheoretischen Positionen angemessen und im Zusammenhang untereinander darzustellen.
Der Titel des Symposiums hatte bewußt ein Fragezeichen. Zu oft wurden insbesondere in den vier Nachkriegsjahrzehnten architekturtheoreti-

sche und stadtplanerische Positionen mit Engagement vorgetragen und von der Administration durchgesetzt, aber nach Ablauf einiger Jahre oder Jahrzehnte für falsch erachtet. Wer identifiziert sich heute in der Verwaltung und in der Architektenschaft mit den innerstädtischen Wohnsiedlungen der fünfziger Jahre, mit den Gesamtschulbauten der siebziger Jahre oder, um ein Beispiel aus Ost-Berlin zu wählen, mit den Wohnhochhäusern in der Leipziger Straße? Insoweit hoffen wir, durch die Referate und Diskussionen des Symposiums und durch die Beiträge der vorliegenden Publikation mehr Sicherheit für die Bearbeitung der zahlreichen architektonischen Projekte der nächsten Jahre zu gewinnen.

In Berlin wurde und wird viel gebaut und noch mehr geplant: Wohnungen, Schulen, Bürohäuser, Hotels, Krankenhäuser, Ministerien, Bahnhöfe, Brücken, Straßen, Plätze usw. Trotz des regelmäßigen Bezugs auf die Berliner Bautradition des aufgeklärten Rationalismus und auf die „Ahnenreihe" von Friedrich Gilly, Karl Friedrich Schinkel, Alfred Messel, Peter Behrens, Ludwig Mies van der Rohe, Max Taut u.a. kann man bei einer selbstkritischen Betrachtung der architektonischen Produktion der vier Nachkriegsjahrzehnte wenig von einer tatsächlichen Wiederaufnahme dieser Bautradition spüren. Der eigentliche Hintergrund der Nachkriegsmoderne war materiell und intellektuell die Fortsetzung der Zerstörung des Stadtgrundrisses und des Abrisses der Häuser, unauflöslich verbunden mit der verzweifelten Suche der Kriegsüberlebenden nach einer neuen, landschaftsbezogenen Idee von Stadt, Haus und Architektur. An diesem Prozeß der Zerstörung und der Suche nach einer radikal neuen Zukunft hat sich nicht nur die Senatsbauverwaltung einschließlich ihrer Senatsbaudirektoren bzw. Chefarchitekten, sondern auch die nationale und internationale Architektenelite fleißig beteiligt. So ist Berlin, mit etwas Distanz betrachtet, in Ost und West so etwas wie ein Experimentierfeld internationaler Architekturbemühungen geworden, deren Gemeinsamkeit darin bestand, mit der Tradition zu brechen. Collage und Fragment, nicht die Tradition eines auf Schönheit und Ganzheit orientierten Städtebaus, prägen daher das Bild der im historischen Kontext gewandelten Stadt.

In West-Berlin entwickelte sich dieser Prozeß als Versuch der Transformation des steinernen Berlins in eine offene Stadtlandschaft. Ost-Berlin wählte zunächst die formale Bezugnahme auf die Berlinische Bautradition der Vormoderne mit großmaßstäblichen sozialistischen Vorstellungen, wie z.B. in der Stalinallee. Das Ergebnis stellt sich dar mit der Umwandlung hochverdichteter innerstädtischer Gebiete in beliebige Vororte, mit der Demontage der zur Organisation und Gliederung des „steinernen Meeres" notwendigen Großbauten der Bahnhöfe, an deren Stelle ein Netz von Autobahnen und autobahnähnlichen Stadt-

straßen trat, und mit vielen ähnlichen Dingen. Daß diese Tradition nicht gebrochen ist, belegen die jüngsten Abrisse mehrerer Gebäude der historischen Mitte Berlins.
Der Prozeß der Besinnung auf eine Berlinische Architekturposition begann in West-Berlin erst mit der IBA und ihrer Idee einer „Kritischen Rekonstruktion" des Stadtgrundrisses. Diese Rückbesinnung auf den Stadtgrundriß machte Schluß mit dem Abriß und der sich anschließenden freien Komposition einzelner Gebäude zu Stadtlandschaften. Ähnliche Anzeichen waren in Ost-Berlin in den Jahren unmittelbar nach der Wende, z.B. in der Friedrichstadt, zu beobachten. Die Rückbesinnung zwang die Architekten zum Bauen im städtischen Kontext, zum Bauen an der Straße und damit zum Entwurf eingepaßter Grundrisse und Fassaden. Dies ist eine Arbeit, der sich zunächst die Wohnungsbauer bei der Bebauung schwieriger, aber für die städtebauliche Gestalt unserer Stadt wichtiger Ecken zu unterziehen hatten. Heute folgen diesem Prozeß auch Architekten von Hotels, Bürobauten, Theatern, Schulen usw. Die gestalterische Auseinandersetzung am Potsdamer Platz ist dafür genauso ein Indiz, wie es die diversen Bauten in der Friedrichstadt sind, die unter der theoretischen Vorgabe der „Kritischen Rekonstruktion" der Stadt entstehen.
Wer die von der Bauverwaltung initiierten Projekte für die neuen Vorstädte in Buchholz, Karow, Hellersdorf, Spandau (Wasserstadt) etc. aufmerksam beobachtet, wird auch dort die Wiedergeburt traditioneller städtebaulicher Muster mit Straßen, Plätzen, Parkanlagen, Vorgärten und Häusern im Block an der Straße beobachten. Die theoretisch durchdachte, bewußte Verwendung dieser von der Moderne verpönten Stadtmuster für den Entwurf zeitgenössischer vorstädtischer Situationen zwingt auch in der Peripherie die Architekten zur Auseinandersetzung mit den Erfahrungen ihrer Großväter und Urgroßväter. Es ist kein Wunder, wenn sich hier unter dem Vorwurf künstlerischer Einengung Widerstand von einigen Architekten artikuliert.
Die zweite theoretische Aufgabe bei der Wiedergewinnung einer Berlinischen Tradition ist die Besinnung auf die kleinste städtebauliche Einheit, auf das städtische Haus auf einer eigenen Parzelle innerhalb eines städtebaulich definierten Kontextes. Diese scheinbar einfache Forderung bedeutet praktisch die Abkehr von anonymen Strukturen mit ihren Zufälligkeiten in der Erschließung, der Fassadengestaltung, der Materialwahl etc. Es zwingt die Architekten zur Auseinandersetzung mit den typologischen Besonderheiten der jeweiligen Bauaufgabe – Hotel, Wohnhaus, Kita, Schule, Warenhaus, etc. – in bezug auf den Habitus, die Proportionen, die innere Organisation, die Materialauswahl, die Details.

Diese Auseinandersetzung führt fast zwangsläufig zur Beschäftigung mit der Geschichte des jeweiligen Haustyps und damit letztendlich zu einer Auseinandersetzung mit den Hauptlinien der Berliner Bautradition. Natürlich ist die Berliner Bautradition komplex. Zu ihr gehört genauso die Hauptlinie des Klassizismus und Rationalismus aus der Zeit der Aufklärung und des Humanismus und der Zwanziger Jahre wie die expressionistische und organische Tradition von Erich Mendelsohn über Hans Scharoun bis Daniel Libeskind. Auch das Verhältnis der beiden Traditionslinien zueinander und damit das Verhältnis des Normalen zum Besonderen soll ausdrücklich Gegenstand der Diskussionen sein.

Die Auseinandersetzung mit den Berliner Bautraditionen sollte möglichst nicht abstrakt, sondern praxisnah, bezogen auf den jeweiligen Haustyp geschehen. So werden beispielsweise die Schwierigkeiten, im Schulbau wirklich architektonische Fortschritte zu erzielen, erst deutlich durch die Konfrontation aktueller Entwürfe mit den gebauten der Vergangenheit von Hermann Blankenstein, Ludwig Hoffmann und Max Taut oder Jean Krämer, also Baumeistern von Schulen, die in einem Abstand von über 40 Jahren, jedoch sämtlich im Blockkontext entworfen und gebaut haben und Schulen schufen, die bis heute allen pädagogischen Veränderungen standgehalten haben.

Erst ein Vergleich der aktuellen Wohnungsbauprojekte mit den architektonischen und mehr noch den städtebaulichen Leistungen der gemeinnützigen Wohnungsbauprojekte von Alfred Messel über Albert Gessner/Paul Jatzow bis hin zu Paul Mebes, also aus der Zeit zwischen 1893 und 1910, macht den Grad der Anstrengung deutlich, die notwendig ist, um im großstädtischen Geschoßwohnungsbau wirkliche Fortschritte zu erzielen.

Ähnliches läßt sich über den Typ formulieren, so natürlich auch für das Geschäftshaus, bei dem Berlin eine Tradition vorweisen kann wie keine andere deutsche Stadt. Gerade für diesen Typ stehen die berühmten Namen von Alfred Messel, Peter Behrens, Hans Hertlein, Max Taut, Ludwig Mies van der Rohe etc.

Die Produktionsgeschichte der Berliner Staats- und Kommunalbauten macht schließlich auch die für Berlin fast zu allen Zeiten typische Knappheit der öffentlichen Kassen deutlich. Auch dies war ein Faktor für die Fortführung einer Tradition, zu deren Kennzeichen typologische Klarheit gehören, sparsamer Einsatz dekorativer Ausschmückungen, die Ausbildung einfacher, aber technisch und handwerklich perfekter Details, die Verwendung dauerhafter und bewährter Materialien und der Verzicht auf billige Reize.

Diese und andere Merkmale der manchmal auch „preußischer Stil" genannten, von der Baudeputation geförderten Entwurfshaltung sind für uns in einer Zeit knapper Mittel und höchster ökologischer und ästhetischer Ansprüche Vorbild und Anreiz zugleich.
Wer sich in diesem Sinne um die Erarbeitung und Beförderung architektonischer Haltungen bemüht, ist oft dem Vorwurf des einengenden Konservatismus ausgesetzt. Ich weise diesen Vorwurf ausdrücklich zurück. Provinziell wäre im Gegenteil die beliebige Übernahme internationaler Architektenmoden als Teil einer Marketingstrategie professioneller Anleger. Ich bekenne mich zum Ausspruch der Moderne, zum Recht der Zeit, und nicht zuletzt auch ihrer Bauherren, auf einen angemessenen ästhetischen Ausdruck! Ich bekenne mich aber auch zur Forderung des Normalen, zur Konvention und Schönheit der traditionellen europäischen Stadt. Gerade auf diesem Gebiet hat Berlin den größten Nachholbedarf. Architektur hat besonders in einer krisenhaften Zeit schließlich auch die Rolle einer kritischen Instanz gegenüber gesellschaftlichen Phänomenen wie Hast, Energieverschwendung, Kommunikationschaos, modischem Materialeinsatz, Wegwerfmentalität und ähnlichem einzunehmen.
In diesem Sinne verstehen sich die vorliegenden Beiträge als Argumente zur Besinnung auf Chancen und Gefahren in einer neuen Gründerzeit und zur Fortsetzung der Berliner Bautraditionen.

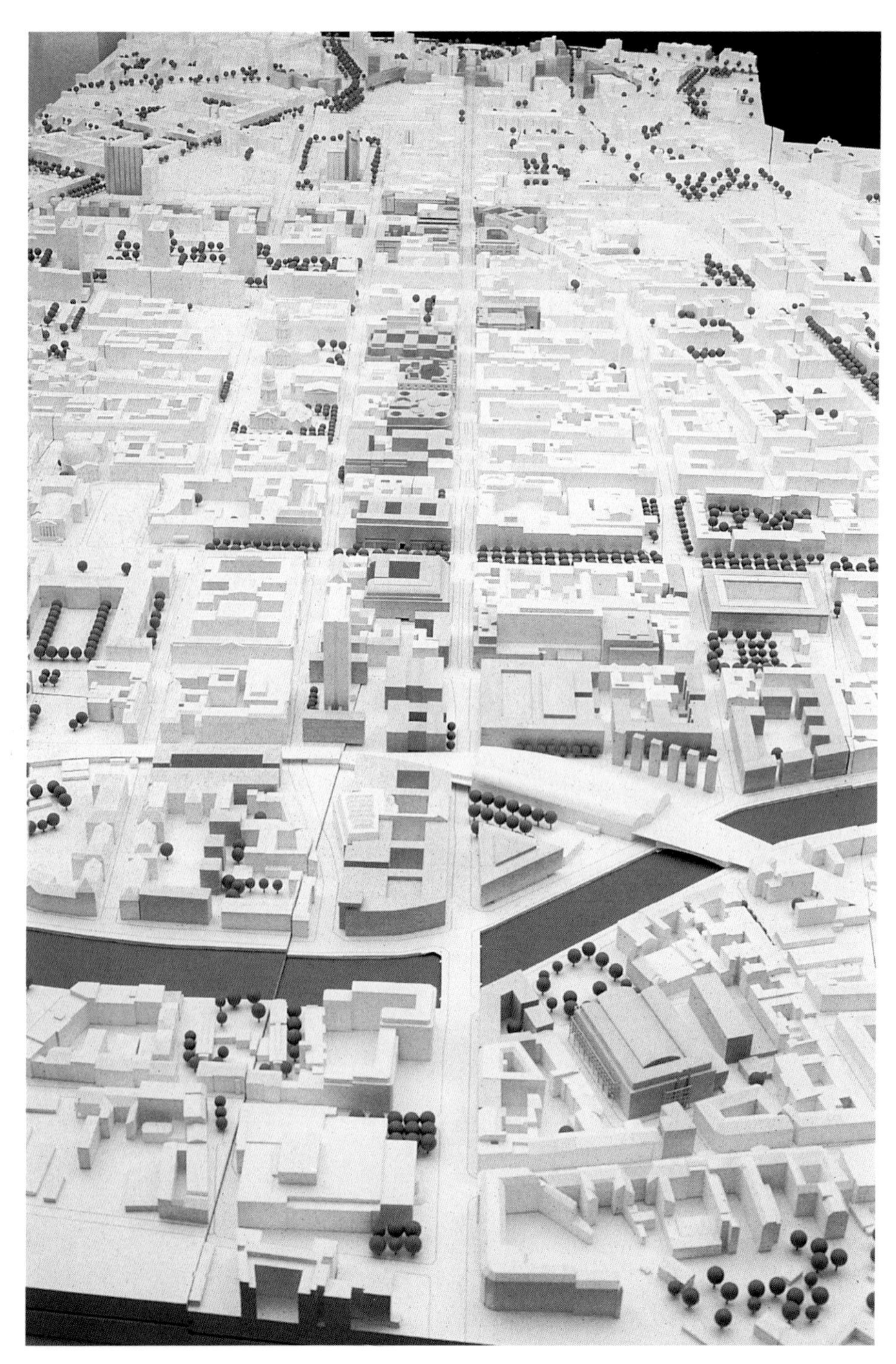

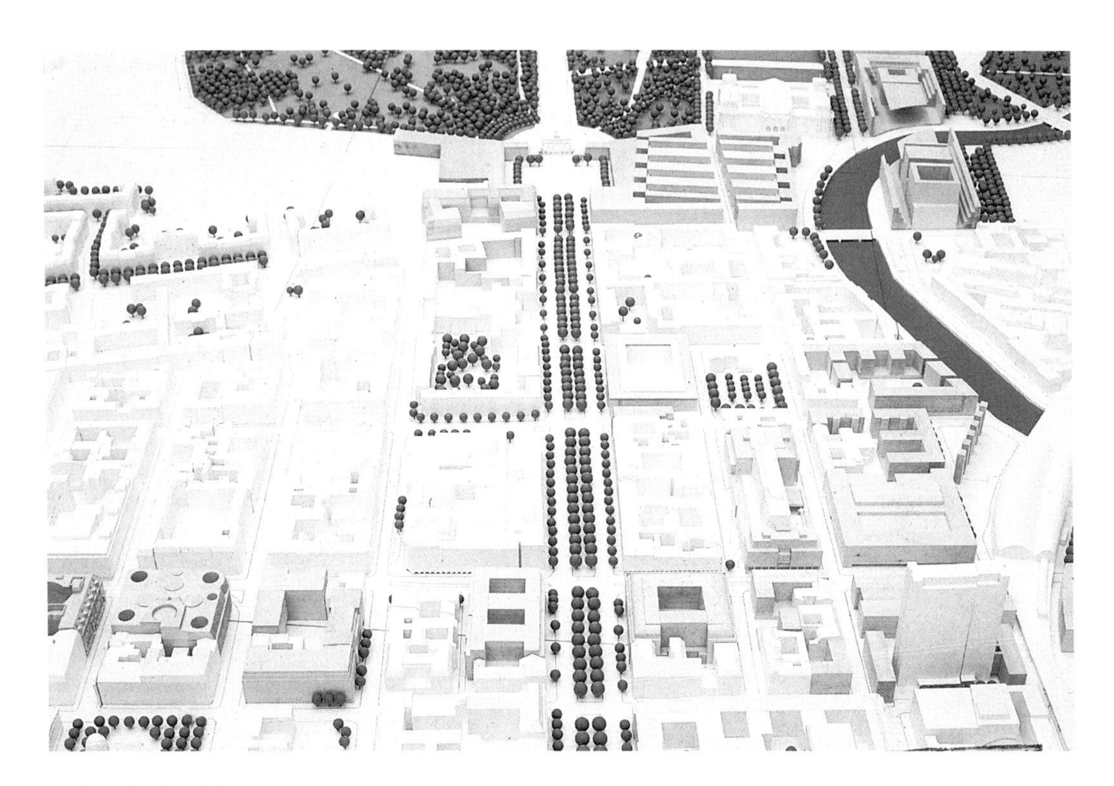

Berliner Stadtmodell, Ausschnitt: Blick in der Achse Unter den Linden Richtung Westen, Stand 1993 (hell: Bestand, dunkel: Baumaßnahmen).

Berliner Stadtmodell, Ausschnitt: Blick in der Achse der Friedrichstraße Richtung Süden, Stand 1993 (hell: Bestand, dunkel: Baumaßnahmen).

Fritz Neumeyer

Auf dem Weg zu einer neuen Berlinischen Architektur?

Das Zitat, das im Zusammenhang mit den Diskussionen über die Stadtentwicklung Berlins in der letzten Zeit wohl am häufigsten strapaziert wurde und das man deshalb als notorisches Berlin-Zitat bezeichnen mag, entstammt Karl Schefflers *Berlin-Stadtschicksal* aus dem Jahr 1908. In diesem Buch wird Berlin als die eigentlich geschichtslose, junge, unsentimentale und kritische Stadt dargestellt, der als Lebensgrundlage nur profane Tüchtigkeit, Nüchternheit und Sachlichkeit gegeben wurde, um aus diesem mageren Boden Kapital zu schlagen und kulturelle Blüte zu treiben. Scheffler schließt seine auch heute noch lesenswerte Analyse – in der viele der Phänomene, mit denen wir uns in den gegenwärtigen Diskussionen herumschlagen, schon aufgegriffen sind – mit jenem sibyllinischen Satz, der in den Berlin-Debatten unserer Tage so häufig bemüht wird: „...die Tragik eines Schicksals, daß das aus einer wendischen Fischersiedlung zur mächtigen Millionenstadt und Reichshauptstadt emporgewachsene Berlin dazu verdammt: *immerfort zu werden und niemals zu sein.*"[1]

Das Transitorische und der Wandel erschienen Scheffler als das Charakteristikum der vom Pionierwillen regierten Metropole Berlin, die sich damit als *die* Stadt der Moderne empfahl. Veränderung und Wandel haben als das dominante moderne Motiv auch Architektur und Städtebau des zwanzigsten Jahrhunderts ihren Stempel aufgeprägt, in einem Jahrhundert unausgesetzten Experimentierens und Verwerfens, in dem am Ende alles relativ geworden zu sein scheint.

Sehen wir heute auf Berlin, so ist der Wandel ein Thema, das jedem in irgendeiner Weise auf den Nägeln brennt. Die Zeitgeschichte hat die alte Berliner Tagesordnung umgeworfen und konfrontiert uns mit Problemen, auf die wir nicht vorbereitet sind, zu denen wir aber unmittelbar Stellung beziehen müssen. Was muß sich verändern, damit Berlin wieder zu dem werden kann, was es einmal war, nämlich zu einer Weltstadt von Rang? Was muß bleiben, damit Berlin in diesem Wandlungsprozeß noch eine Ähnlichkeit mit sich selbst bewahrt? So oder ähnlich lauten die Grundsatzfragen an das neue Berlin, auf welche die Politik von heute Antworten formulieren muß.

Der Verweis auf das ständige Im-Werden-Sein, das Scheffler als Grundtenor Berliner Identität hingestellt hat, enthebt aber nicht der Mühe, sich über die Bedingungen des Wandels und mögliche Etappenziele Gedanken zu machen. Die Frage nach dem Wandel wirft sogleich die Frage nach der Kontinuität auf, will man nicht der

[1] *Karl Scheffler, Berlin. Ein Stadtschicksal, Berlin 1908, 3. Aufl. 1910, S. 267.*

Beliebigkeit das Wort reden. Dies gilt besonders für eine Stadt wie Berlin, deren städtische Substanz in diesem Jahrhundert durch eine komplexe Geschichte der Zersörung empfindlich in Mitleidenschaft gezogen worden ist. Was ist denn über alles Werden und Vergehen hinaus von Berlin an städtischer Identität eigentlich übrig geblieben, an das die neue Entwicklung anknüpfen kann? Worin liegen die bestimmenden Elemente der Identität, die es uns erlauben, von einer Berlinischen Tradition in Architektur- und Stadtbaukunst zu sprechen? Wie und warum kann und soll die Entwicklung von heute, die in zunehmendem Maße durch internationale Austauschbarkeit gekennzeichnet ist, gerade auf die lokale Tradition Bezug nehmen? Wie könnte eine solche neue Berlinische Architektur aussehen? Diese Fragezeichen stehen im Mittelpunkt der Diskussion, die dem Phänomen des „Berlinischen" in Architektur und Städtebau durch Betrachtung von innen und außen auf die Spur kommen möchte.

Sucht man nach einer allgemeinen Charakteristik, die sich als eine Art roter Faden in der Berliner Tradition als Zeichen der Permanenz ausmachen ließe, so wird man sich zuerst an der Berlinischen Mentalität festhalten, in der sich so etwas wie der „Genius Loci" artikuliert. Scheffler und verschiedene Autoren vor und nach ihm haben die Berliner Haltung übereinstimmend mit einer im Historischen begründeten, utilitaristischen Nüchternheit gekennzeichnet: Architektonisch und städtebaulich offenbarte sie ihre Signatur in dem spartanischen Gepräge der Soldaten- und Beamtenstadt mit nur bescheidenem repräsentativen Baubestand, in der klassizistischen Bürgerstadt, ebenso wie in der Architektur der Neuen Sachlichkeit der Moderne unseres Jahrhunderts. Diese Haltung einer gewissen vornehmen Nüchternheit und Nacktheit zeichnete sich durch puritanische Eleganz, Kargheit und Formstrenge aus, Stilmerkmale, die die Berliner Kunst seit jeher an den Tag gelegt hat.

Den Nichtberlinern mag diese Haltung des Knappen und Strengen als Kunstform sicherlich fremd erscheinen. Süddeutschen etwa müsse, so schrieb Walther Kiaulehn 1932 in seinen *Spaziergängen durch Berlin*, die Begeisterung für die Berlinische Architektur in ihrer typischen Mischung aus Zweckmäßigkeit mit romantischen und klassischen Einschlägen vorkommen, „als begeistere man sich für Zitronenwasser". Aber, so fügte er unmittelbar an, „es ist sehr viel mehr dahinter". Als Beispiel für diese Art von Schönheit einer elementaren Prosa führte Kiaulehn eine von Schinkel gestaltete, einfache Gartenmauer am früheren Prinz-Albrecht-Palais an, deren kaum wahrnehmbarer Rhythmus es bewirkt habe, „daß man an dieser Mauer entlanggehen kann, ohne auch nur eine Sekunde Langeweile zu empfinden. Kann man Größeres zum Lobe eines Baumeisters sagen?"[2]

[2] *Walther Kiaulehn, „Spaziergänge durch Berlin", in: Walther Kiaulehn, Berlin – Lob der stillen Stadt, Berlin 1989, S.13.*

Elementare Gestaltung, die nicht das Exzeptionelle, sondern das Typische zum Ziel und zur Grundlage ihrer Kunst macht, ist die bestimmende Tugend der modernen Berlinischen Architektur geworden, die in der europäischen Moderne der zwanziger Jahre Schule machte. Selbst auf die Vertreter des Expressionismus, denkt man an Hans Poelzig oder Bruno Taut, hat diese Tugend abgefärbt. Die Berlinische Architektur der Moderne propagierte eine spartanisch anmutende, elementar gestaltete, abstrakte kubische Welt, in der Flächen und Schatten hart ineinanderschnitten. Diese preußische Tradition führt von den Entwürfen eines Friedrich Gilly vom Ende des achtzehnten Jahrhunderts in das zwanzigste Jahrhundert hinein, zu der Formenstrenge eines Ludwig Mies van der Rohe oder Ludwig Hilberseimer und weiter darüber hinaus bis zu den Vertretern des Berliner Rationalismus in der Gegenwart. Im übrigen ist die These einer preußischen Linie der modernen Architektur keineswegs neu oder abwegig. Der Architekt Wassily Luckhardt hat 1933 in seinem Aufsatz „Vom Preußischen Stil zur Neuen Baukunst" auf die unter- und oberirdischen Verbindungen dieser Traditionslinie verwiesen, die ein vom Fortschrittsmythos beseelter Zeitgeist der zwanziger Jahre nicht gerne zur Kenntnis nehmen wollte.

Eine andere Linie der Permanenz liegt in der typologischen Kontinuität Berliner Bauten. Die typologischen Metamorphosen der Berliner Architekturtradition, deutlich etwa im Wandel vom Bürgerhaus zum Geschäftshaus und Mietshaus, zeigen ein Festhalten an bestimmten Typen, die sich auch über die Veränderungen in Nutzung und Zweckbestimmung hinaus offensichtlich eine konstituierende Kraft bewahrt haben. Berliner Bautradition ist in der Disposition von Grundrissen städtischer Haustypen bis in die Form- und Materialsprache nachvollziehbar, denken wir nur an die klaren, hellen Putzbauten, die öffentlichen Backsteinbauten, die schlesischen Sandsteinbauten des neunzehnten Jahrhunderts. Berliner Bautradition hat sich auch in die Wände der Straßenzüge und Plätze eingeschrieben, ebenso wie in den Grundriß der Stadt selbst, dessen Planfigur von den geschichtlichen Generationen im Grundsatz respektiert wurde. Erst die Planer unseres Jahrhunderts haben aus ganz unterschiedlichen ideologischen Motiven der Stadt diesen Respekt versagt.

An den Gegebenheiten der Tradition hat sich jede Epoche mit eigenen Bauideen profiliert und sich die Vorgaben nach eigenen Kriterien anverwandelt. Die Aufklärung tat dies mit der Idee vom Bauindividuum und einem neuen Denkmalbegriff, der sich dem Begriff des modernen bürgerlichen Subjekts anpaßte. Die Gründerzeit des neunzehnten Jahrhunderts verwandelte den Berliner Block zu einer Art Mini-City

[3] Wassili Luckhardt, „Vom Preußischen Stil zur Neuen Baukunst", in: Deutsche Allgemeine Zeitung, 23. März 1933; Die Kunst, September 1934, Nr. 70; Das schöne Heim, 5.1934, H. 12; Wiederabdruck des Textes in: Brüder Luckhardt und Alfons Anker, Berliner Architekten der Moderne, Berlin 1990, S.125 ff. (Schriftenreihe der Akademie der Künste, Band 21).

oder städtischer Welt im kleinen, die wir heute als „Kreuzberger Mischung" bewundern. Das Neue Bauen der zwanziger Jahre hat als erstes mit der Stadt im herkömmlichen Sinn gebrochen und unter dem Schlagwort der Dezentralisation den Zeilenbau gegen den Kontext der Mietskasernenstadt gestellt. Damit sollte eine Geschichte der „Auflösung der Städte" beginnen, die sich im landschaftlichen Städtebau der Nachkriegszeit fortsetzte und zu jener Form von Städtebau- und Architekturverzicht führte, die man aus heutiger Sicht nur als einen Akt der Selbstbestrafung verstehen kann. Die Architektur der Stadt büßte stellvertretend für begangene historische Sünden. Der Umgang mit dem baulichen Erbe der DDR scheint von ähnlichen Mechanismen symbolischer Bestrafung von Architektur nicht frei zu sein.
Mit dem Blick auf das ganze Berlin tritt auch seine Geschichte neu ins Bewußtsein. Wir anerkennen die Bedeutung der gebauten städtischen Umwelt als eines wesentlichen, identitätsstiftenden Faktors unserer sozialen Umwelt. Diese Einsicht wird von den zahlreichen Diskussionen über Architektur und Städtebau, so kontrovers sie auch in unserer Stadt geführt werden, immer wieder bestätigt. Die augenblickliche Gefahr liegt nicht nur darin, wie es Philip Johnson in einem vielbeachteten Vortrag in Berlin geäußert hat, daß eine restriktive Berliner Baupolitik unter Berufung auf die Berliner Tradition dem Genius die Flügel beschneidet, sondern sie besteht auch darin, daß wir durch eine Reihe „genialer" Architektureingriffe beglückt werden, die sich gegenüber der Stadt, für die sie gedacht und gebaut sind, völlig gleichgültig, wenn nicht gar feindlich verhalten. Eine Architektur, die sich scheut, sich in die städtebauliche Pflicht nehmen zu lassen, ist eine schwache Architektur. Städtebau ist mehr als nur die Summe allen möglichen Häuserbaus. Es wäre ein Verhängnis, Berlin vornehmlich als Standort individueller oder gar exotischer, zugegebenermaßen werbewirksamer Einzelarchitekturen zu betrachten und die Stadt zu einer Art gigantischer Ausstellungsvitrine internationaler Architekturmoden zu erklären, die in anderen Metropolen der Welt erdacht werden. Gerade der internationale Architektur-Pluralismus fordert uns dazu auf, Berlin als eine traditionsreiche Architektur-Stadt im zeitgenössischen Konzert mit einer eigenen Stimme teilnehmen zu lassen. Wie werden wir sonst der Rolle gerecht, die uns die Geschichte in den Schoß gelegt hat? Um die Artikulation einer solchen Stimme oder Position geht es, wenn wir die These einer neuen „Berlinischen Architektur" in den Raum stellen.
Die Situation in der Architekturszene von heute ist ähnlich wie die in der Gesellschaft überhaupt; ihr Kennzeichen ist Unübersichtlichkeit, das Ergebnis eines völligen Werterelativismus. Der Pluralismus, dem

wir seit zwei Jahrzehnten in Kunst und Gesellschaft frönen, ist inzwischen längst an seine Grenzen gestoßen: Pluralismus allein ist nicht mehr in der Lage, tatsächliche Vielfalt zu erzeugen. Komplexität und Widerspruch sind ebensowenig Garanten dafür, denn auch zur Vielfalt gehört eine gewisse Einfalt, ohne die keine spannende Konstellation von Gegensätzen entsteht. Eine Kunst, die Angst hat, sich zu verpflichten und zu binden – das könnte man der heutigen Architektur vorhalten –, ist nicht frei. Auch in der Kunst mißt sich die Freiheit nicht nur an dem „frei wovon", sondern vor allem an dem „frei wozu". Und dieser Frage ist ohne Wertsetzung nicht beizukommen.
Die Gefahr in unserer heutigen Kultur des Pluralismus scheint mir weniger in der Einförmigkeit zu liegen als in der „Vielzuvielförmigkeit", der neuen, postmodernen Form der Einförmigkeit. Das, was am Ende dabei herauskommt, wenn Trennschärfen, wenn Identitäten verloren gehen, ist ein buntes Rauschen, sind Aufgeregtheiten, die beliebig und austauschbar werden, weil sie für alles gut, aber für nichts mehr spezifisch sind. Damit hat sich ein Kreislauf geschlossen, und wir dürfen jenen Vorwurf der Ubiquität gegen die Postmoderne selbst richten, die in den sechziger Jahren den Tod der Moderne proklamierte, weil sie überall die gleichen monotonen Kisten erzeuge, ohne Rücksicht auf die jeweils spezifischen kulturellen und historischen Bedingungen.
Am Ende dieses Jahrhunderts stellt sich die Frage, wie denn die Benutzeroberfläche der Großstadt in naher Zukunft aussehen wird. Wird der Stadtraum noch durch die Sprache der Architektur bestimmt, oder werden die modernen Kommunikationstechnologien die Architektur in ihrer Funktion als Vermittler des öffentlichen Raums gänzlich ablösen? Das wäre vergleichbar mit jener düsteren Prognose Victor Hugos, der in seinem Roman *Notre Dame de Paris*, in der der Erzdekan das erste gedruckte Buch in Händen hält, auf das Buch und dann auf die Kathedrale deutet und prophezeit: „Dieses wird jenes töten". Die Architektur hat den Verlust ihrer historischen Rolle als Buch der Menschheit, das einst die Kathedrale verkörperte, überlebt, wie wir wissen. Der Konflikt zwischen den neuen Medien und der Architektur hat sich in unserer Zeit erst dramatisch zugespitzt und ist in seinen Konsequenzen kaum einzuschätzen.
Vielleicht steht uns – nach Vorbereitung durch die postmoderne Architekturtheorie des *decorated shed* – eine städtische Welt ohne Architektur ins Haus, in der Reklamezeichen und Medienereignisse die Zeichenfunktion der Architektur vollständig ablösen werden. Diese postarchitektonische Stadtlandschaft wäre geprägt durch architekturlose Zeichen und eine zeichenlose Architektur. Die bunten Leuchtreklamewände und die nackten Spiegelglasfassaden heutiger Cities geben

einen Vorgeschmack auf die moderne elektronische Erlebnisarchitektur einer unarchitektonisch gewordenen Stadtwelt.
Sich auf das Erbe der europäischen Stadt als ein Entwicklungspotential zu berufen, bedeutet vor allem erst einmal, die Stimme für die Architektur zu erheben! Wenn es eine Lehre aus der Geschichte der Architektur dieses Jahrhunderts zu ziehen gibt, dann gewiß die, daß die Architektur sich nicht noch einmal freiwillig der Technologie zur kulturellen Beute vorwirft. Heute wissen wir, daß das Haus mehr ist als nur eine Maschine, die Stadt mehr ist als nur ein beliebiges Arbeitswerkszeug; und auch der Bildschirm mit seinen virtuellen Realitäten macht aus der Architektur nicht zwangsläufig ein Kommunikationsmedium, das sich widerstandslos der Logik der Beschleunigung der Zeichen zu ergeben habe. Für die Architektur bedeutet eine Medialisierung, die alle Erscheinungen und ihre Formen in der „Kommunikation" verschleißt, ihr Ende. Es gilt, das kritische kulturelle Potential der Architektur zu stärken und zu pflegen, das aus ihrer natürlichen Langsamkeit resultiert. Ohne einen Glauben an die Bedeutung der Architektur und ihre eigene Kraft der Transformation bräuchten wir uns nicht darüber zu streiten, in welcher Form die Architektur an der Identität der Stadt mitwirken kann und soll.
Nicht die Verdoppelung des Faktischen oder dessen Mißachtung – beides Spielarten des Funktionalismus, im Positiven wie im Negativen –, sondern die Diskussion unserer Lebenswerte ist es, was die Architektur als eine soziale Kunst auszeichnet. In einer Zeit, die alle Begrifflichkeiten in Frage gestellt hat, ist es vielleicht auch angebracht, den Geist dieser Zeit selbst in Frage zu stellen. Die Architektur, die den Gesetzen der Trägheit und nicht der Beschleunigung folgt, tut dies schon aufgrund ihrer Natur auf ganz eigene Weise. Vielleicht gehört der aus der Warte der Architektur geworfene Blick in die moderne Realität zu jener nietzscheanischen Kategorie der „unzeitgemäßen Betrachtungen". Denn wie der Philosoph Peter Sloterdijk unlängst diagnostizierte, leben wir „in einer Zeit, in der es fraglich ist, ob man es noch als Tugend bezeichnen sollte, auf der Höhe der Zeit zu sein".[4]
Es geht darum, den Notwendigkeiten der Zeit kritisch ins Auge zu sehen, dabei weder dem Nostalgischen noch dem Futuristischen zu huldigen. Im Blick auf die eigene Geschichte haben wir die kritische Arbeit einer Ent- und Remythologisierung zu unternehmen. Diese Arbeit am Mythos des Berlinischen kann hoffentlich dazu beitragen, die notwendigen regulativen Fiktionen und Leitbilder zu entwickeln, ohne die auch in Architektur und Städtebau schwerlich etwas Identisches entstehen wird.

[4] Vortrag auf einer Sitzung des Stadtforums, Berlin, 11. Juni 1993.

Peter Schneider

Berliner Befindlichkeiten – Berliner Stadtlandschaften

Ich werde das Gefühl nicht los, daß ich hier als Dilettant unter Fachleuten schreibe. Ich tue dies aber aus der verzweifelten Einsicht, daß man es beim Umbau Berlins nicht dabei belassen kann, sich auf seine Inkompetenz zurückzuziehen. Hinterher müssen wir in der Stadt, die uns die Fachleute hinstellen, auch leben. Daher unternehme ich den Versuch einer Montage aus formulierten und weniger formulierten Texten.

Es war viel davon die Rede, wie die Bürger einer Stadt deren zukünftiges Gesicht prägen können. Ich möchte erst einmal davon reden, wie das bisherige gespaltene Berlin das Gesicht der Einwohner geprägt hat.

Ich kam hierher wie die meisten, die es aus westdeutschen Provinzen wegzieht, weil ich in eine größere Stadt wollte, weil eine Freundin dort wohnt, weil das Ausharren auf diesem Vorposten als eine Art Ersatzdienst für die Jahre in westdeutschen Kasernen galt. Wie die meisten blieb ich zunächst nur von Jahr zu Jahr, aber schon nach einem kurzen Aufenthalt in Berlin ist mir jede westdeutsche Stadt wie gefälscht vorgekommen. Tatsächlich mag ich an Berlin, was diese Stadt von Hamburg, Frankfurt, München unterscheidet: Die Ruinenreste, in denen mannshohe Birken und Sträucher Wurzeln geschlagen haben, die Einschußlöcher in den sandgrauen Fassaden, die vergilbten Werbegemälde an den Brandmauern, die von Zigarettenmarken und Schnapssorten sprechen, die es längst nicht mehr gibt. Manchmal erscheint am Nachmittag im einzigen Fenster einer solchen Mauer das Gesicht eines Menschen über zwei Ellbogen, die auf ein Kissen gestützt sind – ein Gesicht im Rahmen von ein paar zehntausend Ziegelsteinen: Berliner Porträt. Die Ampeln sind kleiner, die Zimmer höher, die Fahrstühle älter als in Westdeutschland; es gibt immer wieder Risse im Asphalt, aus denen die Vergangenheit wuchert. Am besten gefällt mir Berlin im August, wenn die Rolläden geschlossen sind und in den Schaufenstern Schrifttafeln hängen, die eine kaum mehr glaubhafte Rückkehr ankündigen, wenn die neunzigtausend Hunde Ferien machen und in den Scheibenwischern der paar zurückgebliebenen Autos sich die Werbezettel irgendeiner Life-Show bündeln, wenn hinter offenen Türen die Stühle leer bleiben und die paar verstreut sitzenden Gäste den Kopf nicht mehr heben, falls doch noch ein Dritter die Kneipe betritt. Nur noch gelegentlich, wenn mich die Einheimischen zu einem Sonntagsspaziergang um den Grunewaldsee auffordern, merke ich an meiner

Unlust, daß ich mit diesen Rundgängen die Assoziation eines Hofganges verbinde.
Ab und zu, wenn mich ein westdeutscher Besucher daran erinnert, fällt mir eine vergessene Beobachtung wieder ein – Berliner fahren wie Mörder. Es ist, als mache sich in der Innenstadt ein Bewegungstrieb Luft, den westdeutsche Autofahrer auf ihren Landstraßen und Autobahnen austoben (seltsamerweise hat sich trotz Maueröffnung an dieser Eigenart wenig geändert). Dem gleichen Bewegungstrieb scheinen es die Kneipenbesitzer zu verdanken, daß ihr Gewerbe das einzige ist, das einen anhaltenden und grenzenlosen Wachstumstrend aufzuweisen hat.
Hin und wieder, wenn ich ihn sehe, irritiert mich der Kletterfelsen auf dem einzigen, aus Ruinen der Stadt errichteten Berg – ein vier Meter hoher Zementblock, gestiftet vom Deutschen Alpenverein, in dem alle Schwierigkeitsgrade eingebaut sind. Als ich dort einmal eine voll ausgerüstete Seilschaft mit Bergstiefeln, Windjacke und Höhenbrille ihren kühnen Aufstieg beginnen sah und der oben Angekommene die Hand schützend vor die Augen hielt, um dem unten Sichernden den Anblick zu schildern, hatte ich kurz das Gefühl, mich an zuviel gewöhnt zu haben. Aber wenn ich dann, zur Erholung im Schwarzwald, von einem Süddeutschen gefragt werde, ob ich in Ost- oder West-Berlin wohne, erscheint mir der Preis für so viel Landschaft zu hoch. Dieselbe Ignoranz habe ich auch in Dresden oder Leipzig beobachtet: Je weiter weg von der Grenze, desto ungenierter bildete das ehemals halbe Volk sich ein, ein ganzes zu sein. Auf die Nachfrage, ob es nicht merkwürdig sei, in einer von Zement und Stacheldraht eingeschlossenen Stadt zu wohnen, antworte ich längst wie die meisten: Es lebe sich dort nicht anders als in jeder anderen Stadt. Tatsächlich sehe ich die Mauer nicht mehr – dies, obwohl sie, nebst der Chinesischen, das einzige Bauwerk auf der Erde sein dürfte, das sich vom Mond aus mit bloßem Auge erkennen läßt. Ich habe übrigens diese Behauptung nie persönlich überprüft.
Das ist ein Zustandsbild, das selbstverständlich der Vergangenheit angehört. Inzwischen erleben wir nach den Schönheiten der Trennung die Unbilden der Einheit. Seit Deutschland vereinigt ist, bin ich selbst total gespalten. Als Zoon Politikon war ich, was die Hauptstadtentscheidung angeht, von Anfang an für Berlin. Leider bin ich nicht nur ein politisches Wesen, sondern auch ein Privatmensch, der seine Gewohnheiten hat. Ich habe Beamte immer als meine natürlichen Feinde betrachtet, und der Gedanke zum Beispiel, daß ich meine achtundzwanzig Stammkneipen künftig mit Staatssekretären mitsamt ihren Leibwächtern teilen muß, begeistert mich nicht. Ich, wir müssen es wohl zugeben: Das herunterge-

kommene, das entlegene, das machtferne West-Berlin, in dem die Zeit stillstand und in das sich außer fehlgeleiteten Karrieristen nur Anti-Karrieristen verirrten, war ein erstaunlicher, ein wunderbarer Ort, den wir haßten und liebten – kurz: unser Zuhause. Damit ist es für immer vorbei. Und auch wenn es sich von Anfang an um ein absurdes und unhaltbares Privileg gehandelt hat, das selbstverständlich auf Kosten der „Ossis" ging, ein bißchen trauern darf man trotzdem. Dies ist ja nur ein harmloses Beispiel dafür, daß man Vorteile auf Kosten anderer durchschauen und dennoch genießen kann. Und schließlich kann man vergessen, daß es überhaupt Vorteile waren.

Wie erleben wir die Stadt heute, nachdem die Mauer gefallen ist? Der durch die Ereignisse abgemilderte Wunsch des Berlin-Touristen lautet: Zeig mir, wo die Mauer war! Als ich einem Bekannten kürzlich diese Bitte erfüllen sollte, versagte ich kläglich. Die Mauer ist im Stadtinneren so vollständig abgeräumt, daß ich immer wieder ins Zweifeln geriet, ob sie dort, wo ich hinzeigte, wirklich gestanden hatte. Die bloße Erinnerung ist dem Verlauf des verschwundenen Unikums nicht gewachsen. Denn als Planskizze betrachtet, war die Mauer bei weitem das anarchischste Bauwerk der Stadt – ein wilder Mäander, wie ihn nur Chaosforscher berechnen können. So gut wie nichts erinnert heute mehr an das Unikum, daß eine Stadt, ein Land und eine Welt in zwei teilte. Ein paar Meter stehen noch am Potsdamer Platz, eine Kollektion von Ausstellungsstücken steht am Checkpoint Charlie. Wer in den Abendstunden die ehemalige Grenze passiert, merkt den Transit nur noch am plötzlichen Holpern der Räder und am jähen Lichtabfall. Die eindrucksvollsten Zeugen der Zeitenwende, die mir auch heute noch nach Jahren wie Traumgestalten erscheinen, sind die Radfahrer auf dem schmalen Asphaltstreifen im ehemaligen Grenzgebiet. Dort patroullierten noch vor drei Jahren entlang der Hundelauf-Anlagen die Jeeps der DDR-Grenzer und suchten das sorgfältig geharkte Gelände nach verräterischen Fußspuren ab.

Wer ausschließlich seinen Augen traut, könnte meinen, das Wichtigste sei bereits geschafft. Dutzende von Straßen sind verbunden, die verplombten Bahnhöfe geöffnet, die toten S- und U-Bahnstrecken wieder in Betrieb genommen, aber die menschlichen Reflexe halten mit den äußeren Veränderungen nicht Schritt. Noch immer registriere ich das erleichterte Aufatmen, wenn ich aus Ost-Berlin zurückgekehrt bin, obwohl alle äußeren Gründe für diesen Reflex weggefallen sind. Das Null-Uhr-Limit, das Gestochere mit dem langen Stock im Autotank – wer erinnert sich überhaupt noch daran? Der endlose Blick des Grenzbeamten auf das Ohr – ich habe mich immer gefragt, wie Paul Getty Junior diese Grenze passierte. Nicht einmal die harmlosesten

Wahrzeichen des DDR-Alltags, der grüne Abbiegepfeil und die Null-Komma-Null-Promille-Grenze haben sich gegen die trägen Gewohnheiten des total überraschten und verschlafenen Siegers behaupten können. Angesichts eines Erdbebens ganz oben auf der Richterskala benimmt er sich, als gelte es, einen Wasserrohrbruch zu reparieren. Liegt es an dieser Verspätung der Reflexe, daß der Austausch zwischen Ost und West so langsam in Gang kommt? Ist dieser Austausch nicht sogar spärlicher geworden, als er zu Mauerzeiten war?
Ich glaube, es war ein kapitaler Fehler, die Mauer so rest- und spurlos zu beseitigen. Ein paar hundert Meter zwischen dem Brandenburger Tor und dem Reichstag, dort, wo das Baumonster höchstens falschen nationalen Stolz, aber keine Anwohner stören könnte – wie in der Bernauer Straße –, hätte man von den hundert Meilen Stahlbeton besser etwas stehenlassen sollen. Die Mauer, ein kurzes Stück davon, wäre heute ein Kommunikationsmittel zwischen den Deutschen, eine sichtbare Erklärung dafür, warum die Deutschen in Ost und West sich nach vierzig Jahren Teilung so wenig grün sind. Wahrscheinlich werden die Berlin-Touristen, aber auch die Berliner selbst, demnächst ins Disneyland reisen müssen, um zu verstehen, wie das mit der Mauer war, denn dort wird sie bestimmt zu finden sein. Eine Stadt, die so wenig Sinn für ihren eigenen Mythos hat, wird es nicht leicht haben, sich neu zu inszenieren. Man fuhr nicht nach Berlin des Kurfürstendamms wegen, auch nicht des Dahlemer Museums wegen, und auch nicht, um das Pergamon-Museum anzuschauen; ob es den Berlinern gefällt oder nicht, man, das heißt die große Masse der Besucher, kam der Mauer wegen. Die war natürlich nicht so hübsch wie die Champs-Elysées, aber eine Stadt sollte zu ihren Mythen stehen, auch wenn sie schwierig sind.
Nun wird gebaut. Wo auf der Welt gibt es eine vergleichbare Situation? Eine Stadt, deren Mitte – praktisch leer – neu zu bebauen und zu bestimmen ist. Der brandneue Wegweiser Berlin-Mitte – in welche Mitte führt er? Der U-Bahnhof der Linie 6 mit der altertümlichen Aufschrift „Stadtmitte" wirkt immer noch wie eine Endstation. Die Insignien aus der DDR-Zeit auf den umliegenden Häuserwänden – „Neue Zeit", „Unionverlag" – sie sind jetzt schon so vergilbt wie die Firmennamen aus den zwanziger und dreißiger Jahren auf westlichen Brandmauern. Das Geschäft mit den kommunistischen Reliquien, DDR-Fahne, Vopo-Uniform und -Mütze, Parteiabzeichen, scheint vorbei zu sein. Am ehemaligen Checkpoint Charlie werden bereits wieder die zeitlosen Babuschkas verkauft. Die Mitte kannte ich bisher nur durch die von der Mauer bestimmten Umwege; in den nun wieder geraden und verbundenen Straßen verirre ich mich. Ich glaube, wir wußten alle nicht, wie schwierig es ist, geradeaus zu gehen.

Viele der vormals deutschen Leuchtschriften sind durch internationale, genauer durch westliche Reizwörter ersetzt. Soweit es die Geschäftswelt angeht, wirkt sich die Vereinigung im Osten als Hang zum Polyglotten aus. Wörter wie „Bäckerei“ sind passé und durch die Kreation „City-back“ ersetzt, der Begriff „Gaststätte“ ist weitgehend durch das Wort „Restaurant“ oder „Bistro“ abgelöst worden, die unvergessene Lockschrift „Gastmahl des Meeres“ hat dem Namen des Prestige-Restaurants „Nordsee“ Platz gemacht. Die Leuchtschrift „Pioneer“ mit zwei „e“ auf dem First des Hauses gaukelt den Ost-Berlinern eine Vertrautheit vor, die auf einem Lesefehler beruht.
Ich erinnere mich eines regnerischen Nachmittags am S-Bahnhof Hackescher Markt, vormals Marx-Engels-Platz. Der Hunger führte mich, nachdem ich lustlos die durch und durch deutschen Speisekarten einiger Gaststätten studiert hatte, zu einer neueröffneten Curry-Wurst-Bude. Meine Schritte auf dem weiten, leeren Vorplatz klangen mir wie der Takt von Cowboy-Stiefeln in den Ohren. Die Blicke der Inhaberin und der zwei Bier trinkenden Einheimischen erklärten mich schon von weitem zum „Outlaw“, dessen Steckbrief man von einer Postschalterhalle kennt. Mit halber Stimme bestellte ich, was ich so oft am Amtsgericht Charlottenburg in Auftrag gegeben hatte: eine Curry-Wurst, extra scharf, mit Kartoffelsalat. Mag sein, daß sich das Rezept für diese bescheidene und ungesunde Köstlichkeit – die einzige übrigens, mit der die Westberliner Küche in den letzten vierzig Jahren den Weltspeisezettel bereichert hat – in zwei Jahren nicht erlernen läßt. Mit einer guten Curry-Soße verhält es sich wie mit dem Lack einer Stradivari-Geige: Nur die Erfahrung und das geheime Wissen um die Ingredienzen ergibt den Klang. Der Preis war mir vertraut, aber die Wurst, die ich aß, blieb mir im Halse stecken, die Mayonnaise des Salats war umgekippt. Als ich, den vollen Teller hinterlassend, ging, spürte ich einen dreißigjährigen Haß im Rücken: „Das Westschwein ißt nicht, was ihm vorgesetzt wird! Feuer!“
Kein Zweifel, Ost-Berlin ist seit der Vereinigung ein gutes Stück nach Westen gerückt. West-Berliner haben wiederum das Gefühl, ihre Stadthälfte wäre in der gleichen Zeit etwa fünfhundert Kilometer nach Osten versetzt worden. Ein polnischer Professor, der bereits vor dreißig Jahren nach West-Berlin übersiedelte, beschrieb mir seine Unruhe anhand der folgenden Beobachtung: Bis kurz nach der Wende genoß er es, nachts auf den Balkon seiner kleinen Eigentumswohnung zu treten, um das festlich beleuchtete Charlottenburger Schloß zu betrachten. Einige Monate nach dem Fall der Mauer stellte er fest, daß das Schloß nicht mehr angestrahlt wurde. So blieb es auch in den folgenden Wochen. Er ging zur Buchhändlerin an der Ecke und fragte, was

sie darüber wisse, ob die Schloßbeleuchtung der Wiedervereinigung geopfert worden sei. Was den Professor noch mehr entsetzte als die Dunkelheit des Schlosses, war die Antwort der Buchhändlerin: „Wie denn, war das Schloß jemals beleuchtet?" Offenbar hatte sie, obwohl selber eine Anwohnerin, von der Veränderung nicht das mindeste bemerkt. Von diesem Augenblick an, sagt der Professor, habe er begriffen, daß er und die Stadt unweigerlich von jener östlichen Schäbigkeit eingeholt werde, der er vor dreißig Jahren erfolgreich entflohen war. Wenn der Verlust all des schönen Luxus, all des Überflusses nicht einmal bemerkt werde, dann sei nichts zu retten.
Was wird aus Berlin? Früher hatte ich, wenn ich nach Berlin zurückkehrte, ein deutlich umrissenes Bild von der Stadt. Der SED-Ausdruck war ja gar nicht falsch – Berlin, das war tatsächlich eine „selbständige Einheit", ein umschlossener Raum, ein mysteriöses Alcatraz. Jetzt verschwimmen alle klaren Linien auf dem Erinnerungsbild, es wirkt wie ein Foto, das zuviel Licht bekommen hat. Es zeigt keine Gegenwart mehr, nur noch Zukunft. Am erstaunlichsten ist vielleicht, wie wenig sich die Stadt seit dem Mauerfall verändert hat. Genauer, wie wenig sichtbar diese Änderung ist. Das ersichtlich Veränderte wirkt harmlos, der Gewalt des Geschichtsbruchs nicht recht angemessen. Und was sich wirklich und unweigerlich verändert hat, ist noch nicht sichtbar.
Welche Optionen aber haben die Bürger, diese Stadt zu verändern, und in welche Richtung soll die Veränderung gehen? Soviel scheint mir sicher: Das Fragmentarische, das Zerrissene, auch das Zerstörte der Stadt macht einen guten Teil ihrer Identität aus. Die Frage ist, was sich daraus für einen Architekten oder Stadtplaner ergibt. Man kann es zunächst negativ formulieren: Diese Stadt kann niemals Rom, München oder Paris werden. Die Gewaltgeschichte, die in Berlin eingezeichnet ist, läßt sich nicht durch Vorstellungen von einem organischen Wachstum, einem klassischen Ensemble, auch nicht durch das Projekt einer flächendeckenden historischen Rekonstruktion aus der Welt schaffen. Die leeren Räume, die entstanden sind, sind keine natürlichen leeren Räume; sie sind samt und sonders die Resultate einer Gewaltgeschichte. Am deutlichsten ist das am Potsdamer Platz.
Wenn ich Dieter Hoffmann-Axthelm und Bernhard Strecker richtig verstehe, die mich sehr zum Nachdenken angeregt haben, dann besteht der Sinn der Parzellentheorie nicht darin, daß man die alten Parzellen wiederherstellt – man müßte dann ja fragen, welche Periode man wiederherstellen, welche dieser vielen Stadtgeschichten Berlins man aus der Vergangenheit zurückholen will. Er besteht vielmehr darin, eine monolithische Bebauung der Großareale, die in Berlin zur Verfügung stehen, zu vermeiden, Vielteiligkeit möglich zu machen. Es

handelt sich um eine Option für die Zukunft und nicht um eine Hinwendung zur Vergangenheit – so habe ich die Parzellentheorie verstanden.
Das Zerrissene, das Fragmentarische Berlins läßt sich nicht beseitigen; als Architekt kann man diese Gegebenheit nur in Kühnheiten übersetzen. Wir leben in einer Stadt, die mehr als andere dazu einlädt, Experimente zu wagen, kulturelle und ästhetische Zusammenstöße zu inszenieren. Deswegen bin ich nicht der Meinung, daß wir überall und an jedem Platz der Stadt Regeln wie Traufhöhe, Blockrandbebauung usw. unbedingt einhalten müssen. Was ich aber für den größten Defekt der bisherigen Debatte halte, ist, daß es bei der Stadtplanung keinen künstlerischen Gesamtentwurf für die Stadtmitte gibt. Es sind immer nur die großen Einzelareale erschlossen worden, wie Potsdamer Platz oder Alexanderplatz. Es gibt zum Beispiel keinen Gesamtblick auf die Achse Potsdamer Platz – Alexanderplatz. Wenn man so etwas hätte, dann könnte man möglicherweise tatsächlich sagen: hier am Alexanderplatz riskieren wir ein Ensemble von Hochhäusern, das findet Antwort am Potsdamer Platz. Weil die Gesamtsicht nicht da ist, entstehen zwangsläufig nur verengte, parzielle Perspektiven. Gefragt ist nicht nur das Risiko einer Vision, sondern auch die Bereitschaft einer Bürgerschaft, die sagt: So einen Visionär wollen wir haben, der uns eine Idee von der gesamten Stadtmitte vorstellt. Man könnte sie immer noch zum Teufel jagen, wenn sie nicht gefällt. Fatal ist, daß diese Anstrengung und dieses Risiko nirgends zu sehen sind.
Es erscheint mir als absurd, an total leeren oder ruinierten Plätzen eine sogenannte Berliner Architektur einzufordern. Traufhöhen sollten eingehalten werden, wo es noch ein Ensemble gibt, das optische Orientierungen liefert. Wo fast nichts mehr steht oder nur Unsägliches – wie etwa am Alexanderplatz – (man kann ebenso gut den Ernst-Reuter-Platz nennen, dem ich eine unaufschnürbare Verpackung von Christo wünsche) – dort muß man neu denken. Manche Leute fürchten: Berlin, das wird New York ohne Manhattan. Ich muß sagen, wenn Berlin schon New York wird, dann möchte ich auch ein bißchen Manhattan dabei haben. Das muß nicht unbedingt „Hochhaus" heißen. Ich wehre mich gegen alle Formeln. Ich glaube, die Formel „Manhattan" ist genauso falsch wie die Formel „Berliner Architektur", denn wir leben in einer zerstörten Stadt, in einer Stadt, die eine Gewaltgeschichte mit sich trägt und jeden Entwurf eines organischen Wachstums, eines natürlichen Entstehens, dem wir meinetwegen noch in München oder Hamburg folgen könnten, ad absurdum führt.
Die Bewältigung des Berliner Aufbaus wirft Grundfragen auf, denen sich die alte Bundesrepublik und die alte DDR nie gestellt haben. Der

Wiederaufbau nach dem Krieg folgte in beiden Hälften eher den Gesetzen der Panik als denen einer architektonischen Strategie. Die Ideologie der „Stunde Null", des Kahlschlags, die die Literatur beherrschte, bestimmte auch die Köpfe der Stadtplaner. Wolfgang Borcherts Pamphlet – das ich dennoch sehr liebe – ist natürlich grundfalsch: „Wir brauchen keine Dichter mit guter Grammatik. Zu guter Grammatik fehlt uns die Geduld. Wir brauchen die mit dem heißen, heiser geschluchzten Gefühl... ". Dieses Diktum wurde – leider unter Weglassung des Nachsatzes über das „heiser geschluchzte Gefühl" – von den Architekten in Stein umgesetzt. Keine Grammatik, kein Zierat, keine Konjunktive – „der Stuck an den Fassaden entspricht dem Staub in den Köpfen", so hieß es damals. Die Städte gehorchten dem Diktat von Verkehrsgerechtigkeit, Familiengerechtigkeit, Entkernung, Entballung, Durchgrünung, Auslichtung, wohl auch Verdrängung. Nichts sollte an die Vergangenheit erinnern. Alexander Mitscherlich, der in den sechziger Jahren davor warnte, Städte wie Automobile zu produzieren, wurde gelesen, aber nicht beherzigt. Wolf Jobst Siedler hatte bereits Ende der fünfziger Jahre vermerkt, der Wiederaufbau habe Berlin mehr zerstört als der Bombenkrieg. Seinem Herauswurf aus dem Werkkreis der Akademie kam er nur durch seinen eigenen Austritt zuvor. Erst in den siebziger Jahren, in der DDR erst in der zweiten Hälfte der achtziger Jahre, waren Umkehrbewegungen zu verzeichnen. Am „siebten Tag" sahen sich die Deutschen in ihren neugebauten Vierteln um und fühlten dunkel, daß es nicht gut war.
Das größte Hindernis beim Wiederaufbau bestand vielleicht darin, daß es keine Kultur gab, die erlaubt hätte, über Architektur, über Regional- und Stadtplanung einen öffentlichen Diskurs zu führen. Noch bis vor kurzem waren Erörterungen über Stadtplanung reine Expertensache. Hundert-Seiten-Bücher wurden in den Feuilletons der großen Zeitungen eher rezensiert als Städte. Die Folge war, daß das gebildete Publikum eher trainiert war, das neueste Stück von Botho Strauß zu beurteilen als etwa das sanierte Kreuzberg oder das Nikolaiviertel. Der Nebensatz einer Halbwüchsigen namens Christiane F., die berichtete, daß sie im Märkischen Viertel nur mit dem Kochlöffel den Fahrstuhlknopf zu ihrer Wohnung erreichte und nur kraft eines Kratzers an der eigenen Wohnungstür nach Hause fand, war bis vor kurzem das Maximum an populärer Architekturkritik.
Man muß angesichts der Aufgabe, die der Stadt bevorsteht, lernen, wieder in fünfzig oder hundert Jahren zu denken; da hilft es nicht, sich ständig vor „deutscher Großmannssucht" zu bekreuzigen. Man kann ein Haus nicht für vier Jahre planen, für eine Wahlkampfperiode. Einen Politiker kann man nach vier Jahren wieder abwählen, ein Stadtviertel

nicht. Egal, ob es mit unserem politischen Gewissen vereinbar ist oder nicht, wir müssen in großzügigen Dimensionen, d.h. in Dimensionen von fünfzig, achtzig, hundert Jahren denken. Wie soll der Alexanderplatz in hundert Jahren aussehen? Wie kann er in hundert Jahren aussehen? Wer sich an diese Frage nicht herantraut, ist der falsche Mann, die falsche Frau für diese Aufgabe.

Man sollte das mangelnde Training, in solchen Zeiträumen zu denken, als einen Produktionsfaktor einkalkulieren. Ich bin überzeugt, daß die Deutschen durch die vierzig Nachkriegsjahre auf eine Aufgabe dieser Größenordnung überhaupt nicht vorbereitet sind. Wir haben in einer Art Mündelschaft gelebt, die es weder verlangt noch erlaubt hat, in solch großen Dimensionen zu denken. Mit anderen Worten: wir können es nicht. Da wir es aber können müssen, kann die Schlußfolgerung nur sein, daß wir uns Zeit lassen. Man kann großzügiges Denken, Visionen, die wir objektiv brauchen, nicht über Nacht erlernen, und man bekommt sie nicht, nur weil man sie verlangt. Diese Fähigkeiten werden mit den Aufgaben wachsen, aber nur, wenn man sich die dazu nötige Zeit läßt. Vor allem müssen alle Überlegungen ein Prinzip einbeziehen, das wir aus der Politikersprache kennen: das Prinzip der Rückholbarkeit. Bei allen Überlegungen müssen wir davon ausgehen, daß wir uns irren können, sogar mit Sicherheit irren werden; deswegen lassen wir uns Leerräume offen, die der Korrektur dienen. Ich sehe überhaupt nicht ein, warum die Großinvestoren das ganze Areal vom ersten bis zum letzten Zentimeter unbedingt und sofort verplanen und verbauen müssen; warum sie nicht – als eine List gegen die eigenen Irrtümer – immer ein Stück offenlassen und sagen: Das bauen wir erst zehn Jahre später, da hat sich vielleicht der Stil verändert, die Bedürfnisse haben sich verändert, man hat vielleicht erkannt, daß man vorne etwas falsch gemacht hat, das man hinten korrigieren kann. Warum muß alles von A bis Z in fünf Jahren zugebaut werden, warum kann man nicht ganz systematisch bei jedem Projekt ein Stück freilassen und sagen: Das ist für später?

An dieser Stelle muß etwas zur Bürgerschaft gesagt werden, die ja sehr wichtig ist bei einem Gesamtprojekt. Eine Stadt ist ein Gesamtkunstwerk, also müssen alle Schauspieler, muß die ganze Truppe mitspielen. Die Berliner malen sich den Umzug der Bonner gerne als eine Komödie von Labiche aus, die dem beliebten Erzählmodell folgt: Reicher Bauer kommt in die Hauptstadt und versteht nur Bahnhof Zoo. Diese Assoziation ist in ihrem ersten Teil durchaus brauchbar – sie verfehlt allerdings den Ankunftsort, den Umstand, daß die Hauptstadt selbst in hohem Maße verbauert ist. Seit über vierzig Jahren haben die beiden Stadthälften, die nun Hauptstadt werden sollen, in geschlosse-

nen und alimentierten Räumen gelebt. Daß die zwangsproletarisierte Gesellschaft Ost-Berlins nicht gerade ein Biotop für freien Bürgersinn gewesen ist, muß man nicht erwähnen. Aber auch die westliche Halbstadt dämmerte in einem abgeriegelten Schonraum vor sich hin. In solchen Räumen gedeihen seltene und hochinteressante Pflanzen; Weltläufigkeit, konzeptionelle Kühnheit, gar Pioniergeist gehören allerdings nicht dazu.
West-Berlin war zum Verdruß seiner Stadtväter die Hauptstadt und das Bestiarium der Minoritäten geworden – der Schwulen, der Lesben, der Radikalen, der Hundebesitzer, der Radfahrer, der Körnerfresser, der Beamten, der Rentner und der Studenten. Es fehlte das Bürgertum. Die jüdische Einwohnerschaft, von der Theodor Fontane vermerkte, „daß uns alle Freiheit und feinere Kultur wenigstens hier in Berlin vorwiegend durch die reiche Judenschaft vermittelt wird", wurde von den Nazis ausgerottet. Das angestammte Bildungsbürgertum, das Großstädte wie München und Hamburg vor dem Kahlschlag bewahrt hat, ist spätestens nach dem Bau der Mauer aus Berlin abgewandert. Die Oberschicht, die sich auf Berliner Presseböllen und bei Staatsbesuchen zeigt, trifft man in Paris, London oder Mailand nur noch auf Feuerwehrbällen an. Erst nach dem Mauerfall wurde sichtbar, in welchem Umfang die westliche Halbstadt durch die Hintertür der Isolation und der Frontstadtideologie in den Sog ihres östlichen Pendants geraten war. Eine Halbstadt, in der jede ausgegebene Mark zur Hälfte subventioniert wurde, war für die italienische Kultur der *favori*, der Klientel und der Freundschaftsdienste prädestiniert. Auf Inseln, auch wenn sie groß sind, kennt am Ende jeder jeden, und Geschäfte werden in der Zeichensprache erledigt. Das Gesetz einer solchen Inselgemeinschaft ist das Zusammenhalten gegen Bedrohung von außen und die endlose Gruppenbildung nach innen – ein quasi natürlicher Hang zur Sektiererei. Während die Künstler und Schriftsteller jahrzehntelang in denselben Kneipen saßen und sich dieselben Ideen über den Tisch reichten, haben sich in anderen Kneipen die Berliner Politiker, Baulöwen und Finanzjongleure unter dem Tisch die Kontrakte zugesteckt. Und am Ende saßen übrigens die Politiker, die Baulöwen und die Künstler in denselben Kneipen.
Ich habe immer noch nicht verstanden, was das eigentlich sein soll: Demokratie als Bauherr – wie funktioniert das, was sind die Regelmechanismen? Demokratie als Bauherr kann doch nicht bedeuten, daß die Mehrheit darüber entscheidet, wie das zukünftige Gesicht eines Platzes oder eines Straßenzuges aussieht. Die Befähigung, das Gesicht eines Platzes zu bestimmen, setzt einfach zuviel Sachverstand und Erfahrung voraus. Ich halte es für eine Überforderung des Bürgers,

wenn zu allem und jedem Umfragen gestartet werden. Wie wenig verläßlich diese Umfragen sind, soll nur das folgende Beispiel zeigen: Soll man den Palast der Republik stehenlassen oder abreißen? Noch im Februar 1993 waren eine klare Mehrheit der West-Berliner gegen den Palast der Republik, aber für den Aufbau des Schlosses. Zwei Monate später hatte sich das Bild total gewandelt – nicht nur eine erhebliche Mehrheit der Ost-Berliner, sondern auch eine deutliche Mehrheit der West-Berliner war für den Erhalt des Asbestpalastes von Graffunder – vom Schloß war überhaupt nicht mehr die Rede. Was war geschehen? Inzwischen war einerseits das Asbestgutachten bekannt geworden, das besagte, daß 170 Tonnen Spritzasbest der feinsten Sorte – aus England importiert – verwendet worden sind. Zu erklären bleibt, warum auf einmal auch die West-Berliner für die Erhaltung des Palastes waren. Inzwischen waren Pläne bekannt geworden, dort das Außenministerium mit 1600 Beamten zu errichten. Und da haben – ich finde, vollkommen zu Recht – die Berliner sich zum erstenmal zusammengefunden und haben gesagt: Das wollen wir nicht! Man muß deutlich unterscheiden, ob man eine Entscheidung trifft, die man architektonisch verantworten kann und möchte, oder ob es sich um eine politische Entscheidung handelt. Das wird bei Umfragen ständig vermengt.

Ich glaube nicht, daß sich das Gesicht einer Stadt durch Umfragen ermitteln läßt. Aber durch was oder wen dann? Man kann es nicht den Experten überlassen, genialen Baumeistern, die wir gar nicht haben. Die heißen manchmal Schinkel oder Wagner, manchmal Speer. Also: Was ist Demokratie als Bauherr? Vielleicht sollten wir einen Begriff einführen, den ich unübersetzt lasse, weil er auf Deutsch ganz furchtbar klingt: In der Wirtschaftssprache gibt es den Begriff des „experienced customer". Das ist für die Computerbranche derjenige, der schon Erfahrungen mit Computern hat, aber doch nicht alles über Computer weiß und auch nicht wissen will – er hat gar keine Zeit dafür. In der Übersetzung heißt das: Wir brauchen den qualifizierten Bürger, den Bürger-Experten, der sich so weit wie möglich sachkundig gemacht hat. Und gerade dieser Bürger wird wahrscheinlich wollen, daß das Gesicht eines Straßenzuges, eines Platzes, einer Stadt nicht durch Umfragen, sondern durch möglichst wenige, möglichst geniale Leute entschieden wird. Das klingt wie die Quadratur des Kreises, und das ist es auch.

Ich habe die Diskussion um das Schloß verfolgt. Zunächst einmal: Das Mißtrauen in große Gesten war durchaus angebracht und international erwünscht. Der Deutsche, der mit 100 000 DM Jahresgehalt an der Curry-Wurst-Bude ansteht, der das Gütezeichen von seinem Mercedes abmontiert, statt seine Privilegien auszustellen, war ja wirklich eine willkommene und auch angenehme Abwechslung nach dem Größenwahn. Es muß aber auch gesagt werden, daß mit der Haltung des „sich Wegduckens" die neuen Aufgaben nicht bewältigt werden können. Gegen die Zumutung, in fünfzig oder hundert Jahren zu denken, sprechen starke und begründete Tabus; fest steht, daß man dieser Zumutung nicht ausweichen kann. Es fällt auf, daß bei der öffentlichen Meinungsbildung das kurzsichtige Ressentiment, das wahlpolitische Kalkül, die Abgrenzung gegen den Gegner Vorrang vor dem Denken haben.

Die Argumente gegen den Wiederaufbau des Schlosses, die ich gelesen habe, folgten jener Disziplin, in der die Deutschen in vierzig Jahren Meister geworden sind, dem Selbstmißtrauen. Ist es nicht unerhört, das gleich nach der Wiedervereinigung der Traum von Monarchie wiederbelebt wird? Geschenkt. Die Frage aber, ob dieser heikle Vorschlag nicht den Sinn haben könnte, ein architektonisches Kraftfeld, einen visuellen Maßstab der alten Stadtmitte wiederherzustellen, an dem sich dann die umliegenden Gebäude bewähren und ausrichten müßten, ging im rituellen Streit zwischen den guten und den bösen Deutschen unter – auch die Frage, was andere Völker dazu bewegte, zerstörte und historisch überlebte Mahnmale ihrer Geschichte als Falsifikate sich wieder vor die Augen zu stellen. Hatten die Rekonstruktion der Tuchmacherbrücke in Brügge, die Wiederherstellung des Campanile in Venedig etwa das Ziel, das Rad der Geschichte zurückzudrehen? Ein allzu kurz gegriffener Verdacht. Was ist verwerflich daran, daß die Völker wahrnehmbare, anschaubare Zeugen ihrer Geschichte um sich wissen wollen, um sich davon abzustoßen und orientieren zu können? Das wichtigste Argument, das Wolf Jobst Siedler angeführt hat, bleibt richtig: Es ist nichts Neues, daß die Völker völlig zerstörte Monumente wiederaufbauen. Kein Mensch weiß mehr, daß von der Tuchmacherbrücke kein Stein mehr auf dem anderen stand. Allerdings weiß ich nicht, was sich in einem neu errichteten Stadtschloß abspielen sollte. Das Innere eines solchen Zwei-Milliarden-Aufwandes ist weit schwerer zu begründen als die Fassade. Will man etwa die kaiserlichen Innenhöfe nachbauen, und wenn nicht, was wäre dies dann für ein Schloß?

Mit den erlernten Reflexen des Selbsthasses und des Unauffälligbleibens läßt sich die Frage jedenfalls nicht kompetent entscheiden. Ich persönlich glaube nicht an die Notwendigkeit oder Wünschbarkeit der Wiedererrichtung des Schlosses, aber sehr wohl glaube ich an die Wiedererrichtung der Schinkelschen Bauakademie.

Die eigentliche große und spezifische Gefahr für Berlin liegt in der eigentlich beneidenswerten Tatsache, daß der Stadt unerhört große

Areale in die Hände gefallen sind. Sie ziehen Investoren an, die riesige Bauvorhaben planen und durchführen, die kaum individuell gestaltet werden können. Ich halte es für einen Widerspruch in sich, daß eine Firma versucht, uns ein halbes oder ganzes Stadtviertel fertig hinzustellen. Bei der Vorschrift, zwanzig Prozent Wohnanteil aufzunehmen, handelt es sich um eine rein kosmetische Zahl. Jeder Berliner Nachtmensch weiß, daß Stadtviertel, die belebt sind, einen weit höheren Wohnanteil als zwanzig Prozent haben. Vielleicht läßt sich das nicht finanzieren, aber man soll uns doch nicht beruhigen mit dieser Zahl. Sie wird den Potsdamer Platz nicht lebendig machen.

Wird die Stadt ihren Umbau überleben? Man muß sich klarmachen, daß ein Unternehmen dieser Größenordnung nicht ohne Risiko, enorme Fehlkalkulationen und ästhetische Verirrungen ablaufen kann. Einiges wird glücken, und nicht alles, was schief gegangen ist, ist irreparabel. Riesige, nicht wiedergutzumachende Fehler sind bereits gemacht worden – andere, womöglich noch zu korrigierende, werden folgen. Es führt zu nichts, wenn die Bürger mit stummem Vorwurf auf die angebliche Allgewalt der Macher starren, auf die Stadtplaner, die Architekten. Diese Mächte sind beeinflußbar, sogar in hohem Maße irritierbar. Der Pauschalverdacht, wonach in Sachen Einheit sowieso alles schiefgeht, erzeugt nur zynische Passivität. Es verrät längst kein kritisches Bewußtsein mehr, über die Einheit zu jammern, sondern nur noch den wohlfeilen Konsens der Spießer.

In einer Stadt, die keine großartige Kulisse, kein traditionsbewußtes Bürgertum, keine charismatischen Leitfiguren aufzuweisen hat, wird niemand dem Bürger eine bürgergerechte Stadt hinzaubern. Das kann nur ein in Berlin nicht eben häufiges Geschöpf vollbringen: der neugierige, der optimistische, hoch informierte, der wildgewordene Bürger. Eine Schönheit kann die Stadt nicht werden, eher ein Schauplatz für stilistische Begegnungen und Experimente: für hochfliegende Pläne und spektakuläre Abstürze, für himmelstürmende Ehrgeizlinge und zu Tode betrübte Pleitiers, zwischen denen eilige seriöse Herren mit Aktenköfferchen ihren Büroweg suchen – kurz, die lebendigste Stadt Europas. Wenn das Gründungsfieber abgeklungen ist, wird es hier vermutlich wie „Kraut und Rüben" aussehen – das wäre nicht das Schlimmste. Wirklich schlimm wäre es, wenn am Ende entweder nur noch „Kraut" oder nur noch „Rüben" zu besichtigen wären.

Peter Wilson

Berlin – aus der Ferne gesehen

Der Wilde Westen

Von außen betrachtet war die Entscheidung im Wettbewerb Potsdamer Platz – die Entscheidung für Hilmer/Sattler und für die „Kritische Rekonstruktion" – ein erstes Anzeichen für eine sich mit zunehmender Deutlichkeit abzeichnende stringente und offizielle Planungsstrategie für Berlin. Damit wurde die Tür für viele andere mögliche Gestaltungen Berlins zugeschlagen. Damit wurde Scharouns offen strukturierte Stadt mit ihren frei in den Kontext der (damaligen) Leere des offenen Raumes gestellten Objekten zum Gegenmodell und zum leichten Ziel von Angriffen. Damit starb Rem Koolhaas' Berlin-Konzept vom „grünen Archipel".

Kurz vor der Potsdamer-Platz-Entscheidung habe ich für die japanische Architekturzeitschrift *Telescope* einen kurzen Text geschrieben, einen Überblick über das Berlin nach der Vereinigung. Die Atmosphäre, die Vitalität, die dramatischen Verschiebungen und Ereignisse, die durch den Fall der Mauer ausgelöst worden waren, wurden in diesem Artikel in Analogie zum amerikanischen Wilden Westen gesehen:

„Das Genre des Western speist sich aus dem Zusammenprall zweier Kulturen, aus einer Phase der Anarchie, in der heroisches Handeln und die Aneignung und Entwicklung von weiten, leeren Gebieten möglich sind – all dies Merkmale des heutigen Berlin."

In Tokio über die neue *frontier* in Berlin zu berichten, ist mit der Situation Karl Mays vergleichbar, der mitten in Europa Wild-West-Abenteuer verfaßte. Durch die politische Wende, in Verbindung mit der geographischen Lage der Stadt, wurde Berlin über Nacht Europas neue *frontier*, Ort fieberhaften und oft heimlichen Planens und Bauens. Bei dem *Telescope*-Drehbuch war es nicht meine Absicht, endlos Fakten aneinanderzureihen, sondern es ging mir darum, die Atmosphäre der dramatischen und unvorhersehbaren Ereignisse wiederzugeben. Aber schon während der Arbeit an dem Artikel ging die „Wild-West-Phase" zu Ende. Mit der Potsdamer-Platz-Entscheidung stellte die Kavallerie Recht und Ordnung in der Prärie her.

Berlin ist immer eine mythische Stadt gewesen – man denke an Mies van der Rohes gläsernes Hochhaus oder an John Hejduks „Victims". Wenn man zu Zeiten der Internationalen Bauausstellung Berliner Architekten nach ihrer Stadt fragte, atmeten sie tief durch und gaben zur Antwort, man müsse bei Schinkel anfangen, um dann zwei Stunden und viele Mythen später unweigerlich beim IBA-Programm anzugelangen.

Nach der Potsdamer-Platz-Entscheidung wurden die oft wiederholten Mythen, wie die unsichtbaren, aber allgegenwärtigen Straßenzüge der Stadt, zur offiziellen Geschichte und sogar zum offiziellen Plan für ein kritisch zu rekonstruierendes Berlin. Eindringliche Schwarz-Weiß-Fotografien vom Wilhelminischen Berlin, Straßen voller Fußgänger, gelegentlich eine Kutsche und im Hintergrund stets der Block des neunzehnten Jahrhunderts, aus dem die Stadt ihre Einheit bezog, wurden zum Maßstab für das heutige Berlin. Diese „Phantom-Stadt" ähnelt einem in der Zeit erstarrten Augenblick aus Robbe-Grillet oder einer der *Unsichtbaren Städte* Italo Calvinos; sie hat das Nachkriegs-Berlin nie losgelassen. Es ist diese Phantom-Stadt, die nach der Potsdamer-Platz-Entscheidung, wiederbelebt, all jenen Reichtum und jene Vielfalt an Qualitäten mit sich bringen soll, die das Leben der Großstadt prägen. Der Mythos will es, daß eben jene Qualitäten einst in Berlins Shibuya, dem Potsdamer Platz, zusammentrafen.

Im Gegensatz zu dem Kontinuum eines aus der Addition Straße-Block, Straße-Block gefügten einheitlichen Ganzen zeigen die Schwarz-Weiß-Bilder der Stadt des neunzehnten Jahrhunderts bei näherem Hinsehen die allgegenwärtige Berliner Brandwand. Ausdruck des raschen Wachstums der Stadt, sind die nackten Brandwände später zugleich Zeichen der Zerstörung der Stadt geworden. Brandwände bezeichnen einen Maßstabssprung, einen Zeitbruch in der Stadt: Sie zeigen die Erwartung eines noch zu errichtenden Nachbargebäudes. Die ungehemmte Zweckorientierung der Großstadt, die S-Bahn oder andere Infrastrukturen, die wie mit einem scharfen Schnitt die Blöcke durchtrennten, sind immer typisch für Berlin gewesen. Die nackte Brandwand ist eine Grenze oder eher eine Art Schluckauf der Stadtwirklichkeit, sie besitzt nicht die Kontinuität einer künstlich festgelegten Grenze, aber sie ist mit Regelmäßigkeit über den Stadtplan gestreut.

Der Charakter des Nachkriegs-Berlin kommt vielleicht in diesen massiven, geschlossenen und großflächigen Brandwänden am besten zum Ausdruck. Das radikal Abwesende dieser Stadt findet in solchen Eruptionen purer Masse sein Gegengewicht. Gerade ihre permanente Unvollständigkeit hat paradoxerweise Berlin eine Massivität und eine Solidität beschert, die dem, was die neue Orthodoxie verspricht, nicht unähnlich ist. Es ist nur zu hoffen, daß der Brandwand auch weiterhin ein Platz als legitimes Berliner Ereignis eingeräumt bleiben wird – respektiert wie in Kollhoffs Wohnkomplex am Charlottenburger Schloß oder wie in dem Vorschlag von Josef Paul Kleihues für ein Künstlerhaus am Savignyplatz.

John Wayne / Hans Kollhoff ... redet Klartext, schießt aus der Hüfte. Der Sheriff / Josef Paul Kleihues ... hat seinen Sheriffstern als IBA-Direktor abgegeben, hat aber seinen Revolver noch nicht an den Nagel gehängt.

Die Analogie mit dem Wilden Westen wäre unvollständig ohne Cowboys und natürlich ohne die – schwer gebeutelten – Indianer. Heute, nach den Planungen für den Potsdamer Platz (das berühmte *Duell am OK Corall*), haben sich Hans Kollhoff und Josef Paul Kleihues beide neue Rollen gegeben. Der frühere Revolverheld Kollhoff, der einst mit seinen Studenten autonome Solitäre in das kaum geordnete urbane Spielfeld von Moabit geworfen hat, wird nun mehr und mehr zum Moralisten. Seine formalen und gestalterischen Fähigkeiten werden zunehmend einer Lucky-Luke-artigen Geschicklichkeit untergeordnet, mit der er Fassaden mit computergesteuerter Regelmäßigkeit mit Lochfenstern durchsiebt. Irgendwo zwischen seiner Verherrlichung der Wolkenkratzer des Chicagos der zwanziger Jahre und der Akzeptanz des allgegenwärtigen 22/35-Meter-Blocks angesiedelt, verspricht Kollhoffs Entwurf für den Alexanderplatz ein Eckpfeiler der neuen Berliner Orthodoxie zu werden.
Es kann gut sein, daß es diesem Stadtmodell, wenn es rigoros realisiert wird, innerhalb der Grenzen des Experiments gelingen wird, die Tendenz des zwanzigsten Jahrhunderts, die hin zu einem dynamisch fließenden Prozeß geht, umzukehren. Durch den Rückgriff auf das Stadtbild des neunzehnten Jahrhunderts wäre damit das genaue Gegenteil dessen eingeleitet, was der noch vor der Potsdamer-Platz-Entscheidung erschienene *Telescope*-Artikel konstatiert: „Der Zeitgeist der Stadt könnte nicht besser ausgedrückt werden als durch Kollhoffs eindeutige Objekte inmitten von Wenders frei fließenden Räumen."

Berliner Stil

Die Leserschaft von *Wettbewerbe aktuell* weiß seit langem zu unterscheiden zwischen der typisch Berlinischen Art der klaren Formen und Geometrien und, im Gegensatz dazu, einer gewissen Ungezwungenheit, die man geographisch mit dem Stuttgarter Raum in Verbindung bringen kann. Nach der IBA schienen jüngere Architekten wie Ben Tonon oder Christoph Langhof eine Berlin-spezifische Architektur zu entwickeln. Heute, nach den unmißverständlichen Signalen vom Potsdamer Platz, vom Spreebogen und vom Alexanderplatz, wird die Frage nach der individuellen Qualität eines Gebäudes von den Regeln des Blockrands, des historischen Straßenverlaufs, der 22-Meter-Traufhöhe und der schieren Quantität der geplanten Bauten überdeckt und verdrängt. Eine bemerkenswerte Ausnahme hiervon bilden die beiden Wettbewerbe für die Olympia-Stadien, deren erste Preise an Objekte gingen, die ihren Kontext respektieren und gleichzeitig eine unverwechselbare Form gefunden haben.

Grenzen

Gleich der Bewegung, die sich in London um Prince Charles schart, versucht die „Neue Orthodoxie" dem zwanzigsten Jahrhundert entgegenzutreten – dem „Versagen der Moderne", wie es in Berlin immer häufiger genannt wird. Eine solche Umkehr betrifft nicht nur das äußere Erscheinungsbild der Stadt. Um erfolgreich zu sein, muß sie sich ihre eigene Kritik, ihre eigenen theoretischen Grundlagen schaffen. Es ist keine leichte Aufgabe, sich durch die Grundlagen des modernen Zustands zurückzuarbeiten, durch Simmels *Konflikt der modernen Kultur*, Sedlmayrs Problematisierung des Raums oder Riegls Analyse des Bruchs in der Mechanik des Klassizismus.
Es ist durchaus möglich, daß gerade in Berlin die besonderen politischen und planerischen Gegebenheiten so miteinander in Deckung gebracht werden können, daß das Experiment der „Kritischen Rekonstruktion" Früchte tragen wird. Per definitionem werden Experimente unter Laborbedingungen, innerhalb eines umgrenzten Raumes durchgeführt. Es ist vorstellbar, daß der neue/alte Grundriß innerhalb der Grenzen von Berlin-Mitte und Friedrichstadt Realität wird. Daß die Fragen der Peripherie mit derselben Formel angegangen werden, ist jedoch eine ganz andere Sache.

Peripherie

Das Überleben von Berlins grünem Hinterland im Schatten der Mauer ist eine weitere Besonderheit der Stadt. Der Vorschlag, diesen grünen Ring zu erhalten, der allmählichen Ausbreitung von Vorstadt-Projekten durch eine „Verstädterung" der eigentlichen Stadt und eine „Vergrünung" der Landschaft Einhalt zu gebieten, verleiht der neuen Orthodoxie eine heroische Dimension. Sogar wenn es durch konsequente Planung zum gegenwärtigen Zeitpunkt gelingen sollte, den Unterschied zwischen Stadt und Land aufrechtzuerhalten, können die Bedingungen, und damit die Lösung, nicht direkt auf andere Orte übertragen werden. Blockstrukturen im Ruhrgebiet beispielweise sind nur eine weitere Komponente aus der Palette endlos diskontinuierlicher Planungen. Erste Konsequenz der stadtplanerischen Entscheidung, die Dresdener Altstadt zu re-barockisieren, ist die Verbannung der Investoren an die Peripherie.

Blick auf London, Blick auf Paris

Es entbehrt nicht der Ironie, daß dieselben internationalen Investoren und Architekturfirmen, die für die Vergewaltigung Londons im Zuge des Booms der achtziger Jahre verantwortlich waren, heute in Berlin als Anwälte der „Kritischen Rekonstruktion" auftreten. Es ist keine geringe Aufgabe, den Antriebskräften des späten zwanzigsten Jahrhunderts – Kapitalinvestment und Tertiärisierung – eine Ordnung zu geben. Im Gegensatz zu den heutigen monofunktionalen Geschäftszentren war ein dem historischen Block ureigenes Merkmal nicht nur seine äußere Kontinuität, sondern auch die Fülle und Vielfalt des Lebens im Hinterhof. Die vertikale Anordnung der verschiedenen sozialen Schichten innerhalb jedes einzelnen Hauses entlang der Haussmannschen Boulevards, oder die Pariser Passagen, wie sie Walter Benjamin beschrieben hat, sind eine sekundäre und tertiäre Lektüre der unmittelbar ablesbaren Straße/Block-Struktur des neunzehnten Jahrhunderts. Wenn Berlin den Ehrgeiz hat, mit Paris oder Barcelona verglichen zu werden, muß es auch ein eigenes Innenleben für den Block entwickeln. Das Stadtmodell des neunzehnten Jahrhunderts – Boulevard und Block –, das ohne Zweifel eine bedeutende Etappe in der Entwicklung der Stadt darstellt, ist andernorts verblaßt. Von einem bestimmten Zeitpunkt an erfüllte es nicht mehr die Bedürfnisse seiner Benutzer. Damit begann ein neuer Weg der Mutationen und Deviationen. Nach Berlins Wende hingegen, hundert Jahre später, ist es der Benutzer, der sich den Bedürfnissen der Stadt beugen muß.

Berlin aus der Ferne gesehen – Import

Mein Blick fällt auf Berlin aus meiner derzeitigen Perspektive in Münster, wo die „Kritische Rekonstruktion" seit den fünfziger Jahre – sehr zur Freude heutiger japanischer Touristen – praktiziert worden ist. Aus dieser Perspektive ist es erstaunlich, daß das offiziell verabschiedete und akzeptierte Baumaterial für das neue Berlin, das der Stadt Gewicht und Kontinuität verleihen soll, der sogenannte „Kollhoff-Stein" ist – ein im Münsterland hergestellter Ziegel.

Berlin aus der Ferne gesehen – Export

Die Anwendung der neuen Orthodoxie andernorts ist keineswegs einfach. Mittel für das öffentliche Bauen sind nicht mehr verfügbar, sie werden nach Berlin, Leipzig oder Dresden geleitet. Und wenn eine Provinzstadt Axel Schultes in einem städtebaulichen Wettbewerb zum Preisträger macht, dann um einen Mini-Spreebogen auf das Münsteraner Schloß zu pfropfen. Die großen und klaren Geometrien mit ihrer Logik der Großstadt erscheinen schmerzhaft und hohl in der Kleinstadt.

Peter Wilson

Stadtbaukunst

Es bleibt zu hoffen, daß die Blöcke am Potsdamer Platz nicht nur wie magnetisiert an den Fluchtlinien aufgereihte Gebäude entstehen lassen, sondern auch einige jener Widersprüchlichkeiten, jener unerwarteten Momente, die – wie eine Brandwand – der Großstadt eine poetische Dimension, eine Lebensdimension hinzufügen. Und es wird hoffentlich möglich bleiben, dem vertrauten Stadtgrundriß gelegentlich – nach Art der Schinkelschen Solitäre – neue Körper und Figuren einzuschreiben.

Tilmann Buddensieg

Von Schinkel zur Moderne – Berlin als Stadt des Wandels

Die Rückbesinnung auf den Stadtgrundriß ist seit einigen Jahrzehnten das beherrschende Thema der Berliner Stadtplanung. Egal für welche Politik denkmalpflegerischer Rückbesinnung wurde und wird in Berlin Karl Friedrich Schinkel in Anspruch genommen. Er gilt als Erbvater der Denkmalpflege, der seine Bauten der herrschenden Meinung nach mit großer Sorgfalt und Rücksichtnahme in das Stadtgefüge eingepaßt haben soll. Als eine Art „Stadtheiliger" der Blockrandbebauung wird Schinkel für die Rückbesinnung auf den Stadtgrundriß und für die konservatorische Rücksichtnahme gegenüber der historischen Bausubstanz in Anspruch genommen.

Im Essay von Fritz Neumeyer hingegen werden der Wandel und das Transitorische als Eigenschaften der Stadt Berlin beschworen. Daran anknüpfend möchte ich im folgenden die bisherige Interpretation des Werkes von Karl Friedrich Schinkel in Frage stellen und eine Antithese formulieren: Das, was man die produktive Zerstörung Berlins nennen könnte und was den Wandel und das Transitorische charakterisiert, hat im Grunde mit Schinkel begonnen. Die Zerstörung der historischen Stadt des achtzehnten Jahrhunderts, die Zerstörung der Uniformität der historischen Stadt – wie sie für uns alle das Ideal einer Stadt überhaupt darstellt – sind das erklärte Ziel der Schinkelschen Architektur gewesen.

Die Stadtgestalt Berlins könnte, sehr vereinfacht, als von zwei typischen Strukturen beherrscht bezeichnet werden: dem freistehenden und die übrige Bebauung domierenden Einzelbauwerk und der in der Regel nach festgelegten Gestaltungsprinzipien uniformierten Straßenfront. Das kann sich im achtzehnten Jahrhundert so darstellen, daß selbst die Paläste des preußischen Adels in eine gewisse Uniformität treten oder in der vom König verordneten Gleichförmigkeit der Straßenfront aufgehen. Genau dies ruft im neunzehnten Jahrhundert den Widerspruch bzw. die Dichotomie von Palast und Mietskaserne hervor und entwickelt sich im zwanzigsten Jahrhundert einerseits zu dem, was man Villa, Landhaus, Einzelhaus nennt, und andererseits zur Siedlungszeile.

Wie in anderen europäischen Residenzstädten auch, stehen für die Einzelbauten die Kirche, das Schloß und das Rathaus und für die uniformen Straßenfronten die Wohnhäuser der Bürger. Innerhalb des typologischen Kontextes einer als einheitlich verstandenen Stadt des achtzehnten Jahrhunderts bringen die Palais und Residenzen zwar bis zu einem bestimmten Grad, je nach Rang und Bedeutung, Hierarchien zum Ausdruck, sie zerstören aber nie den städtebaulichen Kontext.

In Berlin war die Uniformität der Häuserzeilen besonders deutlich ausgeprägt und weitgehend vom Souverän verordnet. Sie zwang unterschiedlichste Funktionen in ein einheitliches dekoratives Fassadenschema. Die Stadtschule in Potsdam, das Kammergericht in der Berliner Friedrichstadt – heute als Berlin Museum bekannt –, das Bankhaus Schickler, die Gold- und Silbermanufaktur, das Palais des Grafen Kamecke sind einander in ihrem architektonischen Ausdruck so ähnlich, wie es das gesamte Werk ihrer Architekten – Grünberg, Gerlach, Grael, Gayette, Berger und anderer – ist. Nur kunsthistorische Feinarbeit kann bei diesen Bauten Zuschreibungen zu diesem oder jenem Architekten leisten.

Diese Uniformität war, über die Grenzen der Stadt hinaus, für die preußische Architektur durchaus typisch. Der Roßmarkt in Stettin, die Märkte in Köszin oder Prenzlau sahen fast genauso aus wie beispielsweise der Wilhelmplatz in Berlin, wenn auch nicht ganz so prächtig. Dieses Patrimonium einer einheitlichen Stadtgestalt ist in den großen Residenzstädten Europas – in Wien, Dresden, Paris oder London – in wesentlichen Teilen und in den historischen Städten – insbesondere in allen großen italienischen Städten und in vielen holländischen Städten – fast vollständig erhalten. Diese Städte wurden in diesem Jahrhundert von Neubauvierteln umgeben, ohne radikale Eingriffe in das historische Zentrum zuzulassen.

In Berlin dagegen bildete sich aus einem intellektuellen Geflecht von Aufklärung, romantischem Klassizismus und universalgeschichtlicher Reflexion eine Art Spaltpilz: die Dekonstruktion. Dieser Begriff kann aber durchaus bereits auf das beginnende neunzehnte Jahrhundert angewandt werden, als die feudale Stadt des achtzehnten Jahrhunderts auf mehreren Ebenen angegriffen und aus ihrer vollständigen Homogenität herausgehoben und aufgebrochen wurde. Schinkel kann in dieser Hinsicht als der erste Gegner der historischen Stadt Berlin, wie sie aus dem achtzehnten Jahrhundert überkommen war, bezeichnet werden. Es sind also nicht nur die materiellen Zerstörungen aufgrund historischer und politischer Katastrophen, sondern es sind, speziell in Berlin, auch Denkprozesse, die sich gegen überlieferte Strukturen richten. Sehr viel weniger radikal ist man mit solchen Denkprozessen in London oder Paris umgegangen; nicht einmal die Französische Revolution konnte beispielsweise den Louvre beseitigen.

Drei Ebenen lassen sich ganz schematisch benennen: Erstens ging die Kritik an der historischen Stadt Berlin von einem selbstbewußten, durch

die Freiheitskriege gestärkten, patriotischen Bürgertum aus, dem auch Schinkel, Borsig, Zelter und andere angehörten. Zweitens gab es eine humanistisch aufgeklärte Aristokratie, zu der bedeutende Persönlichkeiten wie Wilhelm von Humboldt gehörten. Drittens überkam das Königtum selbst, mit Friedrich Wilhelm III. und IV., ein träumerischer Überdruß vor der Stadt ihrer Väter und Großväter: die Flucht aus den großen repräsentativen Schloßbauten hinaus in den Pavillon neben dem Schloß, der nicht einmal auf der Achse des Schlosses lag, oder die Neigung, sich draußen im Grünen Landsitze zu errichten, die letzten Endes bürgerliches Wohnen des neunzehnten Jahrhunderts so antizipierten, wie Jeffersons Haus in Monticello.
Die Dissoziierung von der zuvor als selbstverständliches Patrimonium betrachteten historischen Stadt kann für Berlin als spezifisch angesehen werden und läßt sich am Denken und am Werk Karl Friedrich Schinkels deutlich festmachen. Insbesondere in Schinkels Auseinandersetzung mit dem Schloß, die ihn beim Neubau des Alten Museums beschäftigt, kommt ganz deutlich seine Haltung in bezug auf die überkommenen Bauten der Geschichte zum Ausdruck. Als Schinkel vom König nach den erhaltenswerten Gebäuden der Stadt gefragt wird, antwortet er, daß ihm neben den Kirchen nur zwei Berliner Bauten des achtzehnten Jahrhunderts erhaltenswert scheinen: das Zeughaus und das Schloß in seinen Schlüterschen Teilen, das er als Kunstwerk, aber auch als Wiege der preußischen Monarchie respektiert.
Diese Wertschätzung des Schlosses verhindert aber nicht eine ganz bestimmte Strategie, mit der Schinkel versucht, die Bedeutung des Schlosses für die Mitte Berlins und für den Lustgarten zu relativieren. In seinem ersten Plan von 1828 versucht er, durch die Gartengestaltung und durch die Disposition der Bäume den gesamten Raum des Lustgartens dem Alten Museum zuzuordnen. Er stellt Bäume unmittelbar vor das Schloß, das damit optisch verkleinert wird und auf die Linden bezogen bleibt. Der König erkannte den damit einhergehenden Bedeutungsverlust des Schlosses und erhob Einspruch. Schinkel vermerkt anschließend auf seinem neuen Plan: Anordnung des Lustgartens nach den allerhöchst befohlenen Änderungen. Der König bestand auf einem Exerzierplatz vor dem Schloß und drängte den Lustgarten mit seinen geplanten Bäumen zurück. Schinkels Versuch, den Exerzierplatz als Ort höfischen Zeremoniells zurückzudrängen und einen bürgerlichen, auf das Museum ausgerichteten Platz zu gestalten, scheiterte zwar, bleibt aber in seiner Grundintention eindeutig.
Dasselbe Ziel verfolgt Schinkel auch in der architektonischen Ausarbeitung des Projektes für das Neue Museum (heute Altes Museum). Seine perspektivische Darstellung der Galerie der Haupttreppe des Museums

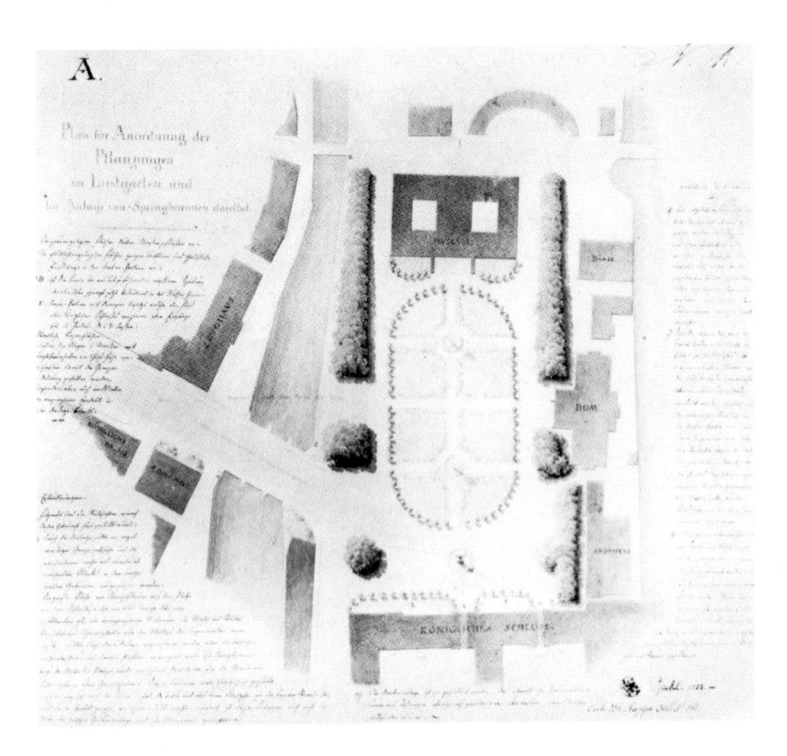

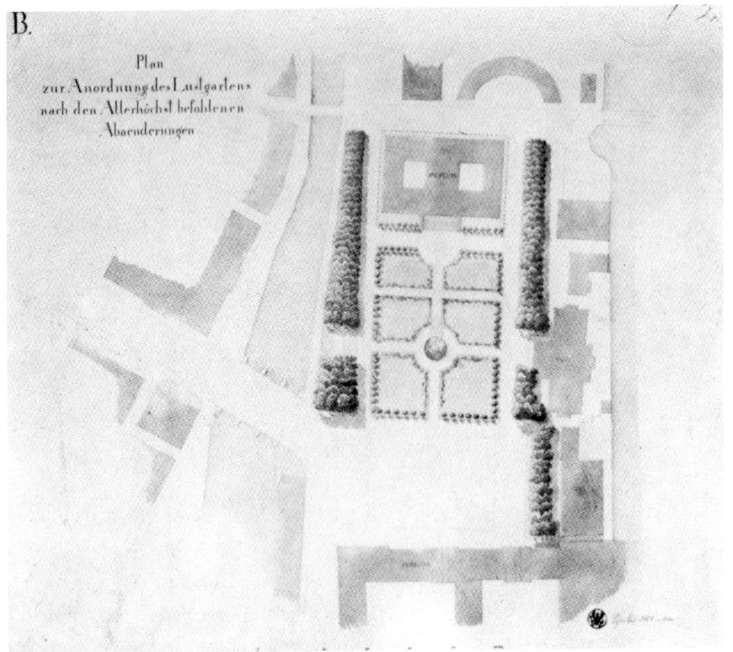

Karl Friedrich Schinkel, „Plan für Anordnung der Pflanzungen im Lustgarten und für Anlage von Springbrunnen daselbst", 1828, und „Plan zur Anordnung des Lustgartens nach den Allerhöchst befohlenen Abaenderungen", 1828.

gibt den Blick frei auf den Lustgarten und auf die Nord-West-Ecke des Schlosses. Schinkel wendet dabei ein Prinzip an, das man das „Kleinmachen des Großen" nennen könnte. Indem er den Blick auf das Schloß mit den kräftigen Säulen der Vorhalle des Museums konfrontiert, wird das Schloß in Maßstab und Bedeutung relativiert; es wird zum Bestandteil der Stadtkulisse. Der Lustgarten hingegen wird auf das Museum bezogen. Ebenso drängen die zahlreichen Entwürfe für das Denkmal Friedrichs des Großen, das Schinkel auf den Lustgarten setzen wollte, das Schloß in Maßstab und Bedeutung in den Hintergrund. Diese Projekte unterstreichen Schinkels Absicht, den Lustgarten mit dem Neuen Museum, nicht den Lustgarten als Schloßplatz zur Mitte der Stadt zu machen.

Ohnehin bedeutet die Tatsache, daß das Neue Museum nach Süden und die Schloßfassade nach Norden lagen, einen ungeheuren Vorteil für das Museum. Man sieht in den Veduten immer die im Dunkeln liegende, düstere Schloßfassade und die von der Südsonne angestrahlte, heitere Fassade des Museums.

Der Entwurf für die Idealresidenz des Fürsten zeigt, analog zu den Planungen für den Lustgarten, wie Schinkel sich im Zentrum einer Stadt der Aufklärung und des Humanismus die Größenverhältnisse zwischen den öffentlichen Gebäuden vorstellt. Schinkels Idealresidenz eines Fürsten kann letzten Endes als Kritik an der monarchischen Mitte Berlins gesehen werden. Der Entwurf löst das Schloß völlig in seine einzelnen Funktionsbereiche auf; groß dargestellt und in ihrer Bedeutung unterstrichen werden die öffentlichen Gebäude: das Opernhaus, das Theater, das Museum, die Kirche, die Bibliothek. Die eigentliche Wohnung des Fürsten ist davon völlig losgelöst und wird zur Privatwohnung eines Privatmannes. Die ursprüngliche Bedeutung des Schlosses, in dem alle Funktionen mit der mythologischen Gestalt des Herrschers identifiziert werden, wird in der Residenz aufgelöst in eine Vielzahl großer und kleiner Teile. Die großen Teile sind die öffentlich zugänglichen Elemente der Stadt, während die Residenz zu einem normalen Stadtpalast wird. Der König tritt zurück aus der Identifikation mit dem Schloß als Monument und als Verkörperung hierarchischer Strukturen und ihrer Geschichte und wird zu einem privilegierten Stadtbewohner. Die bedeutenden, die Stadtmitte charakterisierenden Elemente sind die öffentlichen Gebäude.

In Berlin geschieht die Veränderung der Maßstäblichkeit innerhalb der Stadt auch mit den Großformen und dem kontrastierenden Architekturstil weiterer Neubauten, die Schinkel in das historische Geflecht implantiert. Insbesondere die Großform der Bauakademie schafft einen neuen Ordnungsbegriff gegenüber der Architektur des achtzehn-

Karl Friedrich Schinkel, „Perspectivische Ansicht von der Galerie der Haupt-Treppe des (Alten) Museums durch den Porticus auf den Lustgarten und seine Umgebungen", *Sammlung architektonischer Entwürfe ...*, Tafel 43.

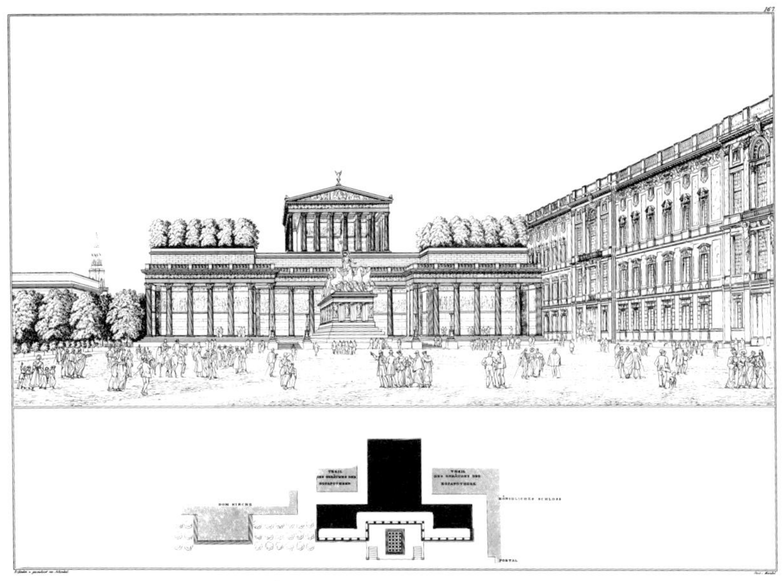

Karl Friedrich Schinkel, „Entwurf eines Denkmals für Friedrich den Grossen auf dem Platz der alten Hofapotheke zu Berlin", *Sammlung* ..., Tafel 167.

Oben:
Karl Friedrich Schinkel, „Perspectivische Ansicht des Aeusseren der Kirche auf dem Werderschen Markt in Berlin", *Sammlung* ..., Tafel 85.

Unten:
Karl Friedrich Schinkel, Öffentliches Kaufhaus Unter den Linden, 1827.

ten Jahrhunderts, die Schinkel als dünkelhaft, häßlich und ungeordnet beschrieb; der gleichförmige, große und mächtig wirkende Block der Bauakademie schiebt viele Häuser auf die Abbruchliste. Es ist für Schinkel nur eine Frage der Zeit, bis diese verschwinden und durch das Volumen der Bauakademie und durch die Türme der Friedrichswerderschen Kirche ersetzt werden. Mit dem gotischen Bau der Friedrichswerderschen Kirche verzichtet er in besonders erstaunlicher Weise auf jede Rücksichtnahme gegenüber der umliegenden Stadtstruktur des achtzehnten Jahrhunderts. Die Kirche wird von einem großen Baumbestand umgeben und überragt auch mit ihrem mächtig aufstrebenden Kirchenschiff die bescheidenen Bauten des achtzehnten Jahrhunderts; sie präsentiert sich – analog zu Schinkels Gemälden – als „Entwurfs-Utopie" einer gotischen Kirche auf einem Berg oder in einem Wald. Die historischen Bauten treten in den Hintergrund und werden zur Kulisse.
Der auch heute noch modern anmutende Kaufhausentwurf, den Schinkel nach seiner Englandreise schuf und direkt neben der Universität in den Straßenzug Unter den Linden einfügen wollte, hätte den von den Bauten der preußischen Aristokratie geprägten Straßenraum buchstäblich aufgebrochen und in einer Weise verändert, die wir heute unter denkmalpflegerischen Gesichtspunkten als Zerstörung bezeichnen würden. Statt die Fassaden des Neubaus in formaler Anlehnung an die Architektursprache der Nachbarbauten zu gestalten, überzog Schinkel sie rasterartig mit einer Addition gleicher Elemente. Die Architektur der Nachbarbauten aus dem achtzehnten Jahrhundert wurde in der Zeichnung zur Groteske und zur Karikatur, da Schinkel ihre kleinteilige Fassadendekoration mit der Großform seiner an englische Fabrikarchitekturen erinnernden Kaufhausfassade konfrontierte. Das Projekt, das – auch in diesem Punkt nach englischem Vorbild – mit Hilfe eines Aktienvereins praktisch realisierungsreif war, wurde jedoch vom Hof verhindert, denn ein Bauwerk „für den Handelsstand und Verkehr" sei in dieser Straße des preußischen Hofes „nicht recht passend".
Der Architekt Verniquet hatte in seinem Paris-Plan von 1791 drei Begriffe benannt, die Paris am Ende des achtzehnten Jahrhunderts charakterisieren: „accord", „unité" und „correspondance". Diese drei Begriffe passen vorzüglich auch auf das Berlin des achtzehnten Jahrhunderts und kennzeichnen jene Charakteristika, gegen die sich Schinkel auf das Schärfste gewandt hat. Nirgendwo herrscht in Schinkels Planungen „accord" zur Nachbarschaft, „unité" wird zerstört und „correspondance" wird verleugnet.
Ein besonders deutliches Beispiel für Schinkels Umgang mit der historischen Bausubstanz ist sein Entwurf für das ehemalige Redernsche

Palais am Pariser Platz, unmittelbar am Eingang zu Unter den Linden. Dort stand das Palais des Grafen Kamecke, ein Gebäude, das man durchaus als normal und angepaßt bezeichnen kann. Diese Art von Architektur setzte sich fort bis zum Schloß und bildete jene wunderbare Einheit, die wir heute in dieser Form in Berlin nicht mehr finden und deren Zerstörung mit Schinkel begann. Schinkel schuf für den Grafen Redern – eine zentrale Persönlichkeit im Kulturleben der Stadt, u.a. Vorsteher des Theater- und Opernhauses – einen Florentiner Stadtpalast, ohne jede Rücksicht auf die umgebende Architektur. Er veränderte das bestehende Palais, ohne es neu zu bauen; er schob vor die Barockfassaden des alten Palais, unter Veränderung auch der Achsenbezüge und der Geschoßzahl, die Maske eines Renaissance-Palastes. Die Pointe dieser Geschichte war, daß Schinkel den Bauantrag für das Palais Redern beim Polizeipräsidenten von Stuttmann einreichen mußte, der damals die Oberaufsicht über die Bauunternehmen hatte. Dieser leitete es an den Vorsitzenden der Baudeputation zur Begutachtung weiter, und dieser Vorsitzende war Schinkel selbst. Die Baudeputation sollte prüfen, ob der Neubau die vorhandene Schönheit der Stadt mindere oder vermehre. Schinkel fertigte daraufhin ein Gutachten an, in dem er begründete, warum der nach seiner Auffassung ärmlichen und müden Architektur des Straßenzuges Unter den Linden und des Pariser Platzes durch seinen originellen und neuartigen Bau Charakter hinzugefügt werde. Er begründete im gleichen Gutachten das Recht des Grafen Redern, einen Florentiner Renaissance-Palast zu errichten und in die „Linden" einzufügen, mit der Freiheit des Individuums, so zu bauen, wie es wolle. Unterschiedlichen Ansichten des Lebens der auch als Individuen voneinander verschiedenen Persönlichkeiten könne nicht eine einförmige Architektur übergestülpt werden. Mit der Verteidigung dieser emanzipatorischen Freiheit des Individuums schuf Schinkel einen Präzedenzfall, der sich heute nur noch schwer als Grundlage der Bauplanung durchsetzen läßt.
Neben den Entwürfen für die Palais der Aristokratie schuf Schinkel aber auch eine Vielzahl bisher noch ungenügend studierter Entwürfe für bürgerliche Wohnhäuser, die für die Berliner Architektur von allergrößter Bedeutung sind, obwohl von ihnen lediglich das Feilnerhaus realisiert wurde. Es handelt sich um Entwürfe, in denen die konstitutiven Elemente der Wohnhausfassade wiederum auf die Rationalität eines variablen Rasters reduziert werden. Die Wohnhausfassaden mit fünf, sieben, maximal neun Achsen waren fast schmucklos und besaßen nur extrem reduzierte gestalterische Elemente; es sollte keine Variation durch die Ausgestaltung mit dekorativen Elementen erzielt werden.

Karl Friedrich Schinkel, „Graeflich Redern'sches Palais in Berlin", *Sammlung ...*, Tafel 126.

Unmittelbar nach seiner Rückkehr aus England schuf Schinkel 1827 einen leider fast gänzlich unbekannten Entwurf für das Gewerbeinstitut. Direktor dieses Instituts, in dem angehende Industrielle, Fabrikanten und Unternehmer unterrichtet und ausgebildet werden sollten, ist Schinkels Freund Peter Christian Wilhelm Beuth. Das Gebäude soll neben einem der angesehensten Barockpalais des damaligen Berlins entstehen, dessen Fassade von Schinkel radikal seiner Ornamentik entledigt und in seiner Struktur freigelegt wird. Damit gleicht Schinkel das historische Gebäude der Rasterfassade seines Neubaus an. Angleichung, Rücksichtnahme bedeutet damit bei Schinkel, die historischen Bauten so zu verändern, daß sie seinen eigenen Schöpfungen angepaßt werden, nicht umgekehrt.
Das Gewerbeinstitut ist der formal am drastischsten reduzierte Rasterbau, den Schinkel je entworfen hat. Sein Ausdruck entspricht einer Gewerbeschule und einer Gewerbeausbildung, die ganz auf eine noch zu entwickelnde preußische Industrie ausgerichtet ist und für das radikal Neue steht. Damit kann Schinkel im Grunde genommen als Stammvater einer Architektur gelten, die für Kreuzberg, Prenzlauer Berg und andere Berliner Stadtteile charakteristisch geworden ist. Er hat aber auch den Rhythmus des ins Unendliche fortsetzbaren Zeilenbaues erfunden; so verzichtet sein Kasernenentwurf für Potsdam mit seinem strengen Rhythmus fast völlig auf ein die Symmetrieachse betonendes, zentrales Motiv.
Dieses Schinkelsche Wohnraster verfügte in der Berliner Vergangenheit über zwei Entwicklungsmöglichkeiten: Richtung Kreuzberg als Mietswohnhaus oder zum Tiergarten hin als städtische Vorstadtvilla. Prinzipiell unterscheiden sich die Villen kaum vom Bürgerhaus, beispielsweise des Unternehmers Feilner, oder von den Häusern in Kreuzberg; sie verfügten lediglich über den Luxus der Freistellung, über den eigenen Garten und über einen gewissen Luxus in der Artikulation jedes einzelnen Hauses gegenüber seinem Nachbarn. In Kreuzberg zeigt sich die klassische Addition der reduzierten Berliner Mietskaserne, wie sie sich aus Schinkels Bürgerhausentwürfen herleitet. Die Kritik an diesem sich letztendlich totlaufenden Raster setzt im Grunde genommen genau dort an, wo Schinkels Kritik am Palastbau des achtzehnten Jahrhunderts begonnen hat: Die Individualität von Menschen unterschiedlicher Lebensanschauung – so Schinkel – darf nicht in einer vom Souverän verordneten Architektursprache untergehen. Jedes Indiviuum hat das Recht, sich selbst darzustellen. In diesem Sinne war das Feilnerhaus das ganz individuelle Wohnhaus eines Terrakotta-Fabrikanten, der seine Produkte in der Fassade darstellte. Die Rasterung der Fassade, ihre völlige Gleichförmigkeit, die sich beliebig nach oben

Karl Friedrich Schinkel, Wohnhaus des Ofenfabrikanten Feilner, Detailzeichnungen der Türgewände, Fassadenausschnitt und Schnitt durch die Fassade. *Sammlung ...*, Tafel 114.

und seitlich fortsetzen ließe, ist dabei eine sinnbildliche Umsetzung des Produktionsprozesses eines Fabrikanten im gerade anbrechenden industriellen Zeitalter. Die Wahrhaftigkeit, die die Bauten Schinkels kennzeichnete, verlor sich später in den Berliner Mietskasernen, deren schematische Gleichförmigkeit Menschen verschiedener Lebensanschauung, verschiedener Berufe und verschiedener sozialer Stellungen hinter einer als Palais-Architektur verbrämten Vorderhausfassade versteckte und uniformierte.
Die Kritik an dem sinnentleerten Schematismus, der auf Schinkels Rasterfassaden folgte, setzt mit Alfred Messels Wohnblock für den Berliner Spar- und Bauverein von 1896 ein. Hier wird die einzelne Wohneinheit das beherrschende Element der Komposition des ganzen Komplexes und verlangt nach Asymmetrie, denn Symmetrie kann nur dann erreicht werden, wenn ein Gebäude einem einzigen Bürger gehört. Entsteht aber ein Haus mit einer Vielzahl kleiner Wohnungen, so muß die Harmonie der Regelmäßigkeit in einzelne Elemente zerlegt werden; diese entsprechen einer völlig neuen Wahrhaftigkeit, die gar nicht mehr versucht, die kleinste Lebenseinheit der Bewohner in die übergreifende Einheit eines strengen Formalismus einzubinden.
Dieser Ansatz wurde für die Berliner Architektur von allergrößter Bedeutsamkeit und zieht sich als roter Faden durch die Architekturgeschichte der Stadt bis zur Architektur von Bruno Taut. Bruno Taut und viele andere Architekten der Moderne waren glühende Bewunderer von Alfred Messel, und Taut hat schon als junger Mann erklärt, daß die Fortsetzung von Messels Idealen seine eigentliche Lebensaufgabe sei. Auch die schönen Laubenganghäuser, die Peter Behrens in Oberschöneweide zwischen 1911–1915 für die AEG geschaffen hat, wurden aus der gleichen Idee Messels heraus geboren, und auch hier geht es um den Versuch einer übergreifenden Rhythmik. Die Einheit der Blockfront, die über die einzelnen, sauber herausgearbeiteten Wohnungen hinaus im Zusammenhang eines Straßenzuges entwickelt wird, scheint von Messels analytischer Kraft angeregt worden zu sein. Ich betrachte dies, über die Stilunterschiede und die Stilbrüche hinweg, als eine Hommage an Messel; der einzelne Lebensbereich, die Rhythmik der Einzelwohnungen sind deutlich ablesbar und zu einer Gesamtheit zusammengeführt, die das Ganze des Hauses zu einem wunderbaren konstitutiven Element der Straßenarchitektur werden läßt. Dasselbe gilt für den Wohnkomplex in der Leinestraße von Bruno Taut, bei dem auch die genossenschaftliche und sozialdemokratische Begründung seiner Arbeit eine Rolle spielt.
Messel ist auch in einem zweiten Punkt einer der großen Begründer einer Berliner Bautradition geworden, die sich auf Schinkel zurückfüh-

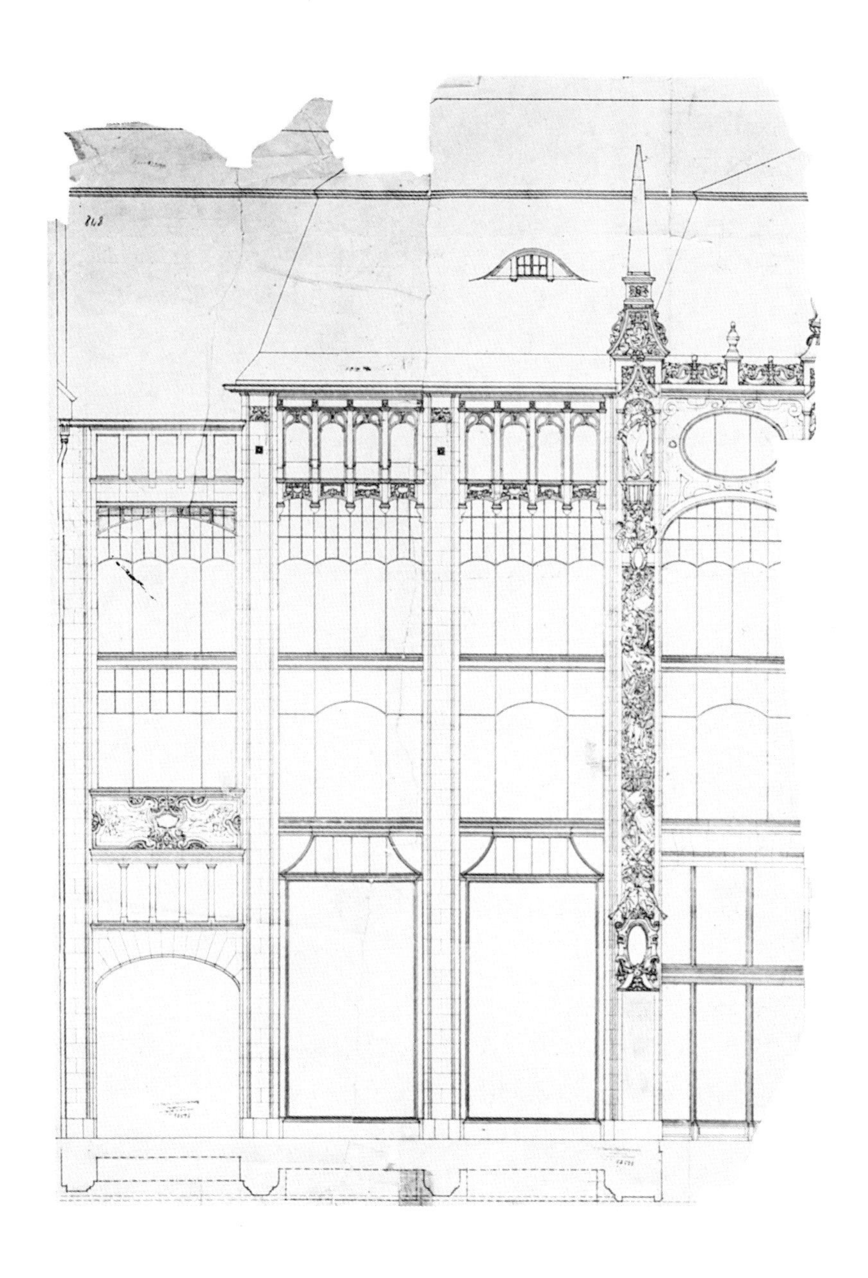

Alfred Messel, Warenhaus Wertheim in Berlin, Fassadendetail des ersten Bauabschnitts in der Leipziger Straße, 1896.

Max Taut, Haus des Allgemeinen Deutschen Gewerkschaftsbundes, Wallstraße, Berlin-Mitte, 1922–1923.

ren läßt. Mit seinem wunderbaren Kaufhaus Wertheim löst er das Problem des modernen Geschäftshauses mit einem Schlag. Ruft man sich das zuvor entstandene Geschäftshaus von Cremer & Wolffenstein an der Wilhelmstraße von 1886 vor Augen, so sieht man eine Architektur, die noch deutlich ein eklektisches Mischbild aus modernem Geschäftshaus und Barockpalais ist. Messel hingegen gewinnt 1896 durch die Freilegung der mächtigen vertikalen Konstruktionselemente und der sichtbar eingehängten Geschoßebenen einen völlig neuen Rhythmus für die Stadt, der nur noch oberflächlich an gotische Konstruktionsrationalität erinnert. Er formuliert damit eine der großen Aufgaben der Moderne, die in ganz Deutschland und über Deutschland hinaus ein ungeheures Echo gefunden hat. Betrachtet man heute in einer deutschen Kleinstadt die Fassaden eines vor 1930 entstandenen Warenhauses, so wird man unweigerlich an Messels Kaufhaus Wertheim erinnert, das großen stilbildenen Einfluß auf die gesamte moderne Architektur hatte. Beispiele dafür sind die Turbinenhalle von Peter Behrens, aber auch das 1969 entstandene Gebäude von Josef Paul Kleihues für die Berliner Stadtreinigung. Beide sind die sowohl architektonische als auch ingenieurbaugemäße Artikulation der Straßenfront aus der Gleichartigkeit und der Rhythmik der architektonischen Elemente heraus.

Innerhalb des Werkes von Karl Friedrich Schinkel steht insbesondere die Bauakademie am Ursprung eines der Stammbäume der Berliner Architektur. Sie wurde zum Vorbild einer aus der Konstruktion geborenen modernen Architektur und hatte einen kaum zu überschätzenden Einfluß. Es liegt auf der Hand, daß der wunderbare Bau des Gewerkschaftshauses von Max Taut von 1923 in dieser Tradition einer rasterhaften und durch die Konstruktion begründeten Formgebung steht. Auch für Peter Behrens schöne Bauten am Alexanderplatz mit ihren rasterhaften Konstruktionselementen ist der eigentliche Stammvater der von Behrens bewunderte Schinkel. Die Bauakademie mit ihrer wunderbaren Austarierung von „horizontal" und „vertikal" hat hier deutlich als Vorbild gedient. Bei beiden Bauten ist das Sichtbarmachen des Tragsystems die eigentliche Formgebung, die die Elemente des Horizontalen und des Vertikalen miteinander verbindet.

Nach Mies van der Rohe ist Konstruktion gleich Form, und damit ist sie ein Paradigma für Baukunst, wo immer sie industriell aus Metall gefertigte Bauten hervorbringt. Eine solchermaßen industriell gefertigte Form läßt sich jederzeit rekonstruieren. Wo aber die Außenhaut zu Skulptur und Kunst erhoben wird und sich in der Materie des Steines manifestiert, kann sie nie wahrhaft rekonstruiert werden. Das Wesen

Karl Friedrich Schinkel, Bauakademie, Berlin-Mitte, 1831–1836.

einer Konstruktion besteht darin, daß sie wiederholbar ist, das Wesen einer bildhauerischen Architektur im Sinne Schlüters dagegen darin, daß sie unwiederholbar ist. Sich dies in Erinnerung zu rufen und sich auf mehr als nur *eine* Tradition der Stadt zu berufen, sollte in der heutigen Architekturdebatte Verpflichtung sein.

Der Text hält sich eng an den gesprochenen Vortrag. Ich danke der Herausgeberin für die großen Mühen der Redaktion. Für Nachweise und Zusammenhänge verweise ich auf: *Berliner Labyrinth, Preußische Raster*, Verlag Klaus Wagenbach, Berlin 1993.

Iain Boyd Whyte

Berliner Architekturvisionen vom Expressionismus zum Dekonstruktivismus

Berlin ist wieder *the city* – *die* Stadt schlechthin. Berlin ist heute die Stadt, die mehr als alle anderen Städte die zeitspezifischen städtischen Konflikte darbietet und schöpferisch verarbeitet. Beim Betrachten dieses Verarbeitungsprozesses finden wir Lösungen, die archetypisch für die moderne bzw. die postmoderne Denkweise sind und daher diese Bewegungen erhellen. Deshalb können wir Berlin als Laboratorium für kulturelle und ideologische Spekulation ansehen. Ich möchte an dieser Stelle nicht über die gesamte Geschichte Berlins als Stimulanz zu utopischem Denken reden, sondern mich auf zwei historische Phasen konzentrieren: auf den Expressionismus während des Ersten Weltkrieges und die Jahre kurz danach sowie auf die Zeit des Dekonstruktivismus in den achtziger Jahren.
Utopie hat zwei mögliche etymologische Quellen. Zum einen die „OU-topie" im Sinne von „Nirgendwo" und die „EU-topie" im Sinne eines spezifischen „guten Ortes", d.h. Stelle, Land, Staat oder natürlich Stadt. In beiden Fällen aber sind das „Nirgendwo" und der „gute Ort" nur verständlich und definierbar als eine positive, wünschenswerte Alternative zu einer realen, existierenden und konkreten Kultur, Gesellschaft oder sozialen Ordnung. Wir brauchen also einen Kontext, wobei die Beziehung zwischen Kontext und künstlerischer Produktion aber nicht rein kausal betrachtet werden soll. Ein bestimmter Kontext verlangt nicht unbedingt nur *eine* spezifische Reaktion, und die Eigenschaften einer utopischen Fantasie kann man nur sehr generell als Antithese beschreiben. Die Stadt ist ein viel zu kompliziertes Phänomen, um als einfache These zu dienen. Ebenso sind die Utopien zu vielfältig, um als einfache Antithese zu dienen. Wir brauchen trotzdem einen Kontext als Ausgangspunkt und finden ihn in Berlin.
Die expressionistische Architektur ist äußerst schwer zu definieren. Wenn man das Standardwerk *Die Architektur des Expressionismus* von Wolfgang Pehnt studiert, findet man ein sehr breites Spektrum von architektonischen Typen und Stilen von der Norddeutschen Backsteingotik von Höger, Hoetger usw. bis zu den astralen Fantasien von Paul Scheerbart. Um überhaupt Fuß in diesem sehr undefinierten Feld fassen zu können, brauchen wir eine Leitlinie für unsere Diskussion, und auch sie finden wir in Berlin. Als grobe dialektische Basis können wir die Urbanisierung und die Industriestadt im späten neunzehnten

Jahrhundert und den architektonischen Expressionismus als Reaktion auf diese Urbanisierung betrachten.
Die deutsche Industrialisierung und Urbanisierung kamen im Vergleich zu England oder sogar Frankreich erst spät, dafür aber um so plötzlicher. Der Bevölkerungszuwachs beeinflußte natürlich auch den Hausbau. Dem Hobrecht-Plan folgend, errichtete man in Berlin auf engen, aber tiefen Parzellen Bauten mit immer dunkler werdenden, hintereinander geschalteten Hinterhöfen. Das berühmteste Beispiel war Meyers-Hof in Berlin-Wedding. In den Hinterhöfen kam es zu einer Entwicklung der Stadt, die alle Eigenschaften der sozialen Verwüstung wie Überbevölkerung, Tuberkulose, andere ansteckende Krankheiten oder Prostitution mit sich brachte. Die Kehrseite der raschen Entwicklung von Berlin, nicht nur als führende Industriestadt Deutschlands, sondern auch als Regierungs- und Finanzhauptstadt nach 1871, äußerte sich in einem schwülstigen „Hohenzollern-Barock". Beispielhaft sei hier auf den Berliner Dom von Julius Raschdorf und das Denkmal für Kaiser Wilhelm I. von Reinhold Begas verwiesen.
Die expressionistische Generation ist um 1880 geboren. Ihre Kunst kann man, wenn auch nur teilweise, als Reaktion gegen die neuen Stadtformen verstehen: einerseits als Reaktion gegen die Armut und die sozialen Entbehrungen in den Mietskasernen, andererseits gegen die leere Pracht und verschwenderische Eitelkeit der Gründerzeit. Die Künstler und Intellektuellen aller politischen Richtungen, von extrem links bis extrem rechts, sahen die Städte im allgemeinen, und insbesondere Berlin, als „Wasserköpfe" oder „Pestbeulen der Kultur". Berlin war für Otto von Bismarck „eine Wüste von Ziegelsteinen und Zeitschriften", und Friedrich Lienhard gab der Heimatkunst-Bewegung das Motto „Los von Berlin". Von links und rechts kamen pseudo-darwinistische Theorien, die ein entropisches Ende der Großstädte voraussagten. Dies ist natürlich eine alte Geschichte, so schrieb Wilhelm Riehl schon 1854: „Es wird eine höhere und höchste Blütezeit des Industrialismus kommen und mit ihr und durch dieselbe wird die moderne Welt, die Welt der Großstädte zusammenbrechen und diese Städte ... werden als Torsi stehenbleiben." Das Thema eines entropischen Stadtuntergangs war sehr wichtig für die Expressionisten. Blättert man durch die literarischen Zeitschriften der expressionistischen Avantgarde, findet man unzählige Gedichte, die dieser Thematik gewidmet wurden. Überall lesen wir Titel wie *Weltende, Die tote Stadt, Verfluchung der Städte, Der Gott der Stadt* usw. Der entropische Untergang wiederholte sich auch in der Malerei, zum Beispiel in den berühmten *Apokalyptischen Landschaften* Ludwig Meidners.

Untererernährung, Epidemien, Revolution und mörderische Kämpfe auf den Straßen Berlins und anderer deutscher Städte kennzeichneten die Zeit des Ersten Weltkrieges und des Kriegsendes. Der städtische Zusammenbruch wurde von der künstlerischen Avantgarde als Beweis eines totalen moralischen und ethischen Untergangs genommen, als Beweis, daß die Institutionen der Gesellschaft unheilbar korrupt waren. Bilder wie Georg Grosz' *Frauenmörder* oder Ludwig Kirchners *Berliner Straßenszene* von 1913 fangen diesen Zynismus ein. Hier wird die Stadt nicht mehr in einem Baudelaireschen Sinne zelebriert, sondern sie ist zu einem bedrohlichen Ort geworden, fremd und exotisch. Was war gegen diese pessimistische Lesart der Stadt zu machen? Gab es utopische Alternativen?

Die einfachste Alternative war Stadtflucht. Die wohlhabende Bourgeoisie flüchtete in die waldreichen Vororte. Die Anhänger der künstlerischen Bohème zogen sich auf das Land zurück, wo sie für Vegetariertum, Abstinenz, Freikörperkultur usw. eintraten. Kurz vor dem Ersten Weltkrieg wurden mehrere Kommunen rings um Berlin gegründet, der Friedrichshagener Dichterkreis, die Obstbaukolonie Eden bei Oranienburg oder die Neue Gemeinschaft in Schlachtensee. Ein links-liberales Resultat desselben Geistes war die 1902 gegründete Deutsche Gartenstadtgesellschaft. Die armen Leute sind natürlich in den Mietskasernen der Innenstadtbezirke geblieben.

Die zweite herrschende Reaktion war eine totale Ablehnung der realen Welt zugunsten einer privaten und subjektiven Welt, einer Welt des Geistes und der Geistigkeit. Dies alles kann man verstehen als Ablehnung der mechanistischen oder positivistischen Aufklärungsstrategien, mit denen man versuchte, das Universum als rein psychisches und mechanisches Phänomen zu begreifen. Der Mensch wurde von den Expressionisten nicht als integrale Funktion eines größeren Mechanismus, sondern als isoliertes Individuum verstanden. Als einzig wahre Welt galt die Welt des Geistes, und der Geist drückte sich in mannigfaltigen Formen aus: ein von Nietzsche abgeleiteter Vitalismus, Zoroastrianismus, Buddhismus, Theosophie usw. Ganz konkrete Ergebnisse waren die Anthroposophie von Rudolf Steiner oder Wassili Kandinskys Manifest für eine künstlerische Abstraktion, die in das Geheimnis des menschlichen Geistes eindringen sollte. Sein kleines Buch *Über das Geistige in der Kunst* kam 1912 heraus. Wie dort zu lesen ist, stand der Künstler an der Spitze der Gesellschaft. Der geistige Pfadfinder war nicht mehr der christliche Heiland, sondern der Künstler. Als Vergleich dazu der Aphorismus „Wir Künstler" aus Nietzsches *Fröhliche Wissenschaft:* „Wir Künstler! Wir Verhehler der Natürlichkeit! Wir Mond- und Gottsüchtigen! Wir todstillen, unermüdlichen Wanderer auf

Ludwig Meidner, „Apokalyptische Landschaft", 1913.

August Wenzel Hablik, „Der Weg des Genius", 1918.

Oben:
Bruno Taut, Glashaus, Werkbundausstellung, Köln, 1914.

Unten:
Bruno Taut, Gartenstadt Falkenberg bei Berlin, 1913–1914.

Höhen, die wir nicht als Höhen sehen, sondern als unsere Ebenen, als unsere Sicherheiten." Der Künstler wurde der Messias, der die breite Gesellschaft in das Gelobte Land führen sollte. Hier finden wir eine stark eschatologische Konstruktion. Die Hoffnungen für die Zukunft wurden von den Künstlern durch Urformen dargestellt. Die Wilhelminische Gesellschaft ablehnend, suchten die Expressionisten nach der Authentizität des Primitivismus. Symptomatisch für dieses wichtige Konzept waren neben der Stadtflucht die Sehnsucht nach einer urdeutschen Unschuld oder eine Sehnsucht nach der Unschuld der primitiven Gesellschaften. Wie zu erwarten war, spielten die Farben dabei eine Hauptrolle, sowohl in der Theorie bei Kandinsky oder Steiner, als auch in der Praxis. Eine schöne Metapher liefert der *Zerplatzende Staudamm* von Karl Schmidt-Rotluff von 1912, die Metapher für eine Gesellschaft, die außer Kontrolle geraten war.

Gab es damals architektonische Strategien, um die Sintflut zu dämmen? Ja, es gab sie. Nehmen wir zuerst Bruno Taut: 1880 geboren – archetypisches Mitglied der expressionistischen Generation. 1904 schrieb er an seinen Bruder Max: „Ich habe im verlaufenen Vierteljahr Nietzsche's Zarathustra gelesen, ein Buch von ungeheurer ernster Lebenskraft – Ich habe sehr viel davon gehabt." Kurz vor dem Ersten Weltkrieg reagierte Taut fast programmatisch auf die Wilhelminische Industriestadt. Auf der einen Seite trat er für Stadtflucht ein. Auf der anderen Seite betonte er den Weg der Reinheit: reine Form, reine Farbe und reiner Geist. Als beratender Architekt der Deutschen Gartenstadtgesellschaft spielte er eine wichtige Rolle in der Wohnungsreformbewegung. Hier dient als kurzes Beispiel die Gartenstadt Falkenberg bei Berlin (1913–14): eine retrospektive Utopie, mit buntgestrichenen Kleinhäusern, nicht gerade gotisch, aber doch ein retrospektiver Versuch, Kontakt mit einer verlorenen, prä-industriellen Vergangenheit wiederherzustellen.

Als abstrakte, geistige Lösung kann das Glashaus auf der Kölner Werkbundausstellung von 1914 betrachtet werden. Der Pavillon entspricht Tauts fast zeitgleich in der Zeitschrift *Sturm* veröffentlichter Idee von einem Gesamtkunstwerk, das imstande sei, eine alternative Wirklichkeit zu schaffen, die völlig unabhängig vom grauen Alltag wäre. Taut schrieb damals: „Bauen wir zusammen an einem großartigen Bauwerk! An einem Bauwerk, das nicht allein Architektur ist, in dem alles, Malerei, Plastik, alles zusammen eine große Architektur bildet, und in dem die Architektur in den andern Künsten aufgeht." Das Glashaus wurde dem Dichter und Utopisten Paul Scheerbart gewidmet, der die Aphorismen schrieb, die auf dem Sturz zwischen Trommel und Kuppel eingeritzt wurden. Im gleichen Jahr schrieb Scheerbart sein

SCHNEE
GLETSCHER
GLAS
Firnen
im ewigen Eise
und Schnee ~
überbaut und ge-
schmückt mit
Umbauungen, Flä-
chen und Blöcken
von farbigem Glase
~ Bergblüten
Die Ausführung ist gewiss ungeheuer schwer und opfervoll, aber nicht unmöglich. „Man verlangt so selten
von den Menschen das Unmögliche" (Goethe)

Buch *Glasarchitektur*, das vom Sturm-Verlag veröffentlicht wurde und wiederum Taut gewidmet war. Die fantastischen Glas-Welten, die Scheerbart in seinen Astral-Romanen beschrieben hat, fanden im Glashaus ihre, wenn auch nur bescheidene, Verwirklichung. Unter der Glaskuppel befand sich ein farbiger Glassaal; im Untergeschoß gab es eine Kaskade und ein mechanisches Kaleidoskop. Taut sah darin „die begründete Hoffnung, daß damit das Auge und das Gefühl des Menschen für subtilere Reize gewonnen wird. Wir brauchen in dem heutigen Bauen dringend die Befreiung von der traurig machenden unentwegten Klischee-Monumentalität." Durch das Visuelle wollte man die Welt erziehen und verbessern. Die Erwartungen waren, natürlich, historistisch. Auf der Titelseite der Tautschen Broschüre las man: „Der gotische Dom ist das Präludium der Glasarchitektur".

Tauts ästhetische Voraussetzungen waren fest verankert im Kantschen Modell. Laut Kant sei es nicht das Ziel der Kunst, Objekte des Wissens und Nutzens darzubieten, sondern vielmehr die Grenzen menschlicher Möglichkeiten zu erforschen. Die Aufgabe der Kunst sei deshalb kritisch und prophetisch zugleich. Ihr Ziel sei die Vision eines idealen Zustandes, der in der Zukunft vielleicht erreicht werden könnte. Das bevorzugte Symbol der verlorenen Unschuld, Einfachheit und Reinheit, das das postindustrielle Zeitalter bezeichnen würde, sei der Kristall. Hier griffen die Expressionisten ein Kontinuum auf, das über Zarathustra, Wagners *Parsifal* (1882), die deutsche Romantik – Novalis, Goethes *Faust* („Im strahlenden Abglanz ist das Leben") – zurückführt bis zum Mystizismus des Mittelalters, z. B. bei Schwester Hadewich, und letztlich zur Offenbarung Johannes.

Konkrete Modelle einer idealen Gesellschaft kamen aus der europäischen Gotik und dem Orient. Beide finden wir in Tauts Buch *Die Stadtkrone*, in dem Bilder einer harmonischen Gesellschaft um einen großen Tempel als geistigem Fokus kreisen. Dieser Fokus erschien wieder und wieder in der Literatur des Expressionismus als Tempelbau, Kultbau, Stadtkrone usw. Taut entwickelte das Thema in *Alpine Architektur* als Folge von gläsernen Tempeln und astralen Fantasien weiter, die jedoch ausdrücklich ohne eine Funktion waren.

Nach dem Ende des Ersten Weltkrieges, der Abdankung des Kaisers und der Revolution, hegten Taut und seine Gleichgesinnten große Hoffnungen, ihre Träume durch die Arbeiter- und Soldatenräte zu verwirklichen. Diese Hoffnungen stellten sich jedoch als Luftgebilde heraus, und Taut zog sich in eine private Welt der utopischen Spekulation zurück. Nach dem Versagen der sozialistischen Revolution träumte er von einer idealen Gesellschaft, die auf utopischem Sozialismus und gegenseitiger Hilfe basiert. Seine Vorbilder waren nicht Marx oder Engels, sondern

Bruno Taut, „Schnee, Gletscher, Glas", *Alpine Architektur*, 1919.

Proudhon, Kropotkin und Gustav Landauer. Die progressive Kraft war nicht das industrielle Proletariat, sondern der aufgeklärte Künstler, der für die ländliche Kolonisation und Reform arbeitete. Das war das Thema des 1919 geschriebenen Buches *Die Auflösung der Städte*, in dem Taut behauptete, daß die Städte verdammt seien und die einzige Rettung in einem Netzwerk von selbstverwalteten, eigenständigen und über das Land verteilten Kommunen läge.
Auf der kosmologischen Ebene verfaßte Taut zur gleichen Zeit seine Pantomime *Der Weltbaumeister*. Anfang August 1919 schrieb er an Karl Ernst Osthaus: „Heute beschäftigt mich eine neue Idee, die mich fast rauschhaft begeistert. (...) Es ist ein Architektur-Drama, richtiger: Pantomime. Ich möchte Pfitzner gewinnen, die Partitur der Symphonie zu schreiben. Es wird eine ganz herrliche Sache (...), Musik und Architektur, beide abstrakt und beide im reinsten Einklang." In dreißig Szenen entwarf Taut die Reise eines gotischen Doms durch das Weltall ins Paradies, wo er sich in ein Kristallhaus verwandelt. Ebenfalls 1919 rief Taut „Die Gläserne Kette" ins Leben, eine Gruppe von gleichgesinnten Architekten und Künstlern. Über ein Jahr lang führte sie einen höchst interessanten Briefwechsel, in dessen Mittelpunkt die Idee einer erlösenden Glasarchitektur stand. Wie der Name schon suggeriert, war das bevorzugte Symbol für die Erneuerung der Kristall, nicht nur als Sinnbild der unveränderlichen Strukturgesetze, sondern auch als eine Verbindung zum göttlichen Baumeister selbst. Der zweite Hauptstrang der Argumentation der „Gläsernen Kette" war die organische Metapher, die ein alternatives Bild für Urzeitlichkeit bot. Eine wichtige Quelle für dieses Bild war Ernst Haeckel, der um die Jahrhundertwende großformatige Bände mit dem Titel *Kunstformen der Natur* veröffentlichte. Der Einsteinturm in Potsdam, eines der stärksten Bilder des expressionistischen Zeitalters, verbindet die organische Metapher aufs glücklichste mit der Suche in der Teilchenphysik nach der kleinsten, unteilbaren Einheit als Grundlage der Materie. Nach der Befreiung von aller anarcho-sozialistischen Politik verschmolzen die reduktiven und autoritären Aspekte des Expressionismus mit der weißen Architektur des Neuen Bauens. Die Umstrukturierung der Stadt sollte nun die soziale Harmonie erreichen.
Obwohl diese Visionen sich eines traurigen Nachlebens in den sechziger Jahren erfreuten, stellte die Nachkriegszeit die Möglichkeit von rationaler Kontrolle und das ganze kartesianische, aufklärerische Denken in Frage. In Descartes zweitem *Discours de la méthode* finden wir die Metapher von einer idealen Stadt, entworfen von einem einzigen bestimmenden Intellekt, als Gegenbild zum Chaos. Die Stadtkrone verkörpert vollkommen diese kartesianische Position. Nach

1945 war es weniger leicht, an einen vernunftbegabten, zu vervollkommnenden Menschen zu glauben oder an die Möglichkeit eines einzigen Symbols oder einer Architektur, die alle Menschen verbinden könnte. Die Aussicht auf eine zentrierte Welt hatte sich als Hirngespinst erwiesen. Anstelle der verlorenen zentrierten Welt haben wir, mit den Worten Daniel Libeskinds, „a world which on a permanent basis produces a destabilized ... movement of imperfection and difference". Gerade diese Überzeugungen von einem fehlenden Zentrum, von Differenz und von Fragmentation stehen hinter der anarchischen und spielerischen Restrukturierung unserer Wahrnehmung der Stadt in den fünfziger Jahren durch die französischen Situationisten. Diese neue Auffassung der Stadt zeigt sich in dem Konzept der „dérive", die nach Guy Debord (1955) „die Untersuchung der psychogeographischen Artikulationen einer modernen Stadt" erlaubt. Fast wie in Disneyland ist die Stadt in bezugslose Zonen und „activity theme parks" unterteilt. Nach Geschmack und Willkür können wir von „Main Street"-USA zu Dornröschens Schloß und ins Weltall bummeln. Das politisierte Disneyland der Situationisten fand gleichzeitig ein Echo in der Science-Fiction-Literatur. In Samuel Delaneys *Triton* gibt es eine anarchische, libidinöse, unkontrollierte Zone, in der alles möglich ist. Aspekte dieser radikalen Denkweise treten auch in Colin Rowes *Collage City* aus den frühen siebziger Jahren auf.

In starkem Kontrast dazu steht die Strategie der IBA in Berlin, die versuchte, Teile der Stadt wieder zusammenzufügen, um eine verlorene Ganzheit wiederherzustellen. Wenn man durch die IBA-Publikationen blättert, scheint nur John Hejduk in seinem Werk, z.B. den Projekten von 1984 für das Gelände des ehemaligen Prinz-Albrecht-Palais, den Charme eines autonomen, freischwebenden Fragmentes akzeptiert zu haben. Er knüpft mehr an ein spezifisches Gefühl der Benutzer an, als an eine größere, alles umfassende urbane Erfahrung. Ein zweites Projekt aus den späten achtziger Jahren für das „Potsdam Printer's House/Studio" setzt den gleichen Ansatz fort und muß verstanden werden als eine Erklärung gegen den Masterplan und die grandiose urbane Lösung. Wie Hejduk selbst erklärt: „I believe in the modest, incremental growth of cities. I am suspicious of the grand schemes (they usually destroy the soul of the place)."

Zweifelsohne wurde vor der Wende die wichtigste Sammlung von utopischen und quasi-utopischen Visionen Berlins von Kristin Feireiss in dem Band *Berlin–Denkmal oder Denkmodell* veröffentlicht. Hier finden wir wiederholt die neue Stadtkrone als Media Tower getarnt. Medienzentren und ähnliches implizieren ein Netzwerk, und so wurde das Netz oder Raster ein wichtiges Thema in den utopischen Entwürfen in

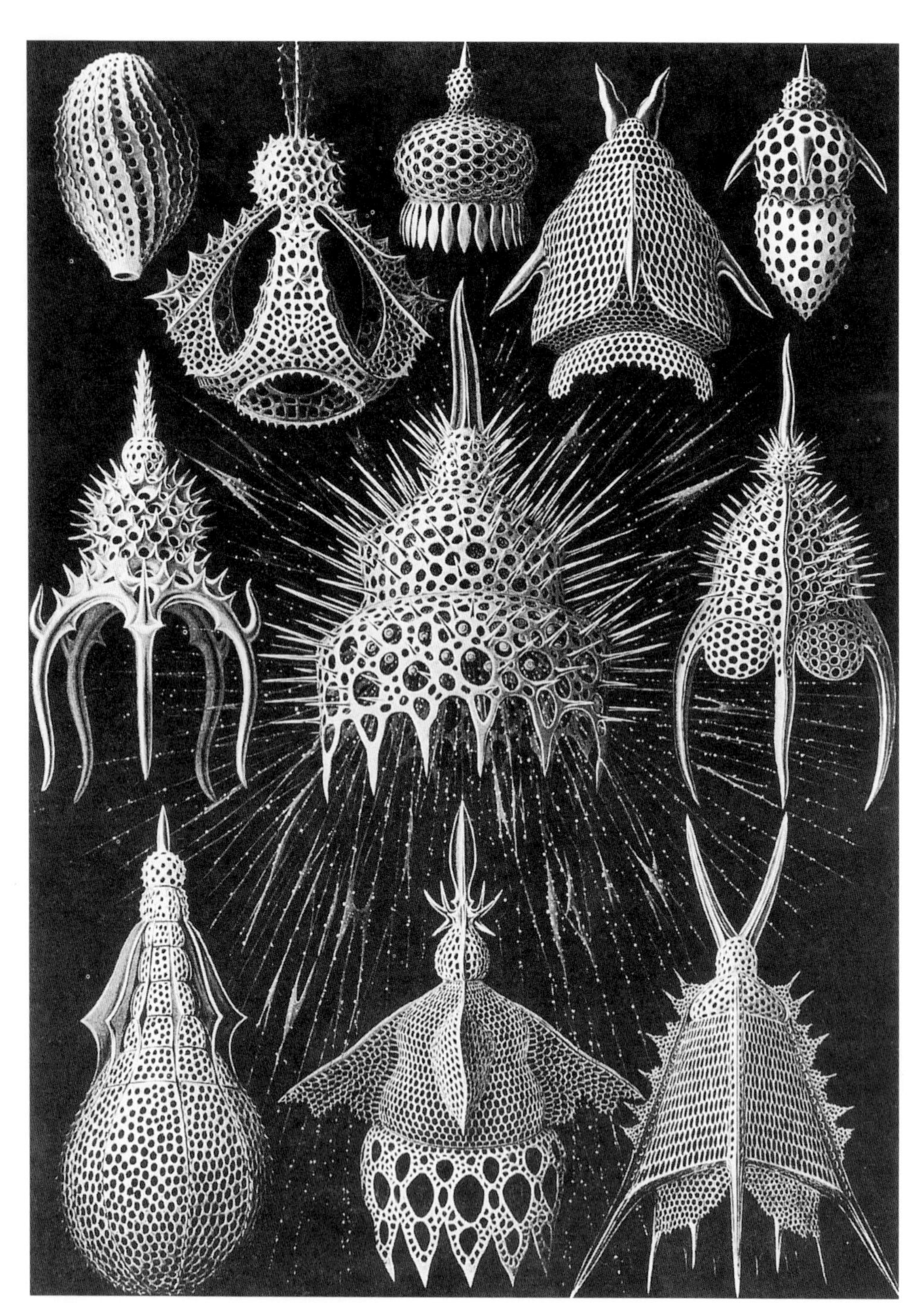

Ernst Haeckel, *Kunstformen der Natur*, 1904.

Erich Mendelsohn, Einsteinturm, Potsdam, 1920–1924.

und um Berlin in den achtziger Jahren, z. B. Raoul Bunschotens „Apeiron", definiert als „der Name des grenzenlosen Feldes voller Grenzen inmitten der Stadt". Architecture-Studio legte ein Kommunikationssystem über und durch die Mauer, das aus einem Netz von Sendestationen bestand. Die Vision der Stadt, eher als Raum einer simultanen Ausweitung denn als Exerzierplatz kristalliner Gewißheiten, schließt aktiv das expressionistische Unternehmen einer strategischen Rückkehr zu einem idealisierten, einfachen, intakten, normalen, reinen oder exemplarischen Ursprung aus. Die Architekten der Dekonstruktion sind treffend beschrieben worden als „Strategiker gegen übereilige Harmonisierung", eine Kritik, die in dem heutigen architektonischen Klima Berlins besonders angemessen scheint. Statt Einheit und Zentriertheit suchen die Architekten der neunziger Jahre Ziele wie Dezentralisation, Trennung, Auseinandersetzung und Fragmentarisierung. Als Beispiel kann ein Projekt von Bernhard Tschumi für eine Reihe von Pavillons dienen, die neue städtische Spektakel, „Jahrmärkte, Theater, Austellungen, Begräbnisse", hervorbringen sollen.
Aber wie Paul Virilio in seinem berühmten Essay *The Overexposed City* – erstveröffentlicht 1984 – andeutet, sind wir nicht nur mit der physikalischen Zerstreuung im Raum konfrontiert, sondern ebenso mit der technologischen Zerstreuung in Raum und Zeit, hervorgerufen durch den Beginn von Computer-Netzwerken und Hyperraum. Die letzte Dekade war Zeuge einer Neudefinition der Erfahrung der Stadt, weg vom zentralisierten Raum – dem Raum der Stadtkrone – hin zum zerstreuten Nicht-Raum des Computer-Terminals. In Virilios Worten: „Die Repräsentation der zeitgenössischen Stadt ist nicht länger durch ein zeremoniöses Öffnen der Tore bestimmt, durch ein Ritual von Prozessionen und Paraden, und auch nicht durch eine Aufeinanderfolge von Straßen und Alleen. Von nun an muß Stadtarchitektur mit dem Anbruch einer technologischen Raum-Zeit umgehen." In diesem Prozeß verliert der öffentliche Raum seine Bedeutung als Konsequenz der synthetischen Raumzeitlichkeit der Computer-Kultur. Das neue Denkmal ist nicht mehr die materielle Räumlichkeit des Gebäudes, sondern die Untiefe der Bildschirme.
Die Bedeutung der räumlichen Revolution, die die neue Informationstechnologie impliziert, ist hervorragend erfaßt in Dagmar Richters Beitrag zur Ausstellung *Berlin – Denkmal oder Denkmodell?*. Die Isolation West-Berlins vor dem Mauerfall 1989, so Richter, machte die Stadt, das Monument einer obsoleten Kultur des physischen und kommerziellen Tausches, zu einem Vorläufer der Metropole des einundzwanzigsten Jahrhunderts. Während das neunzehnte Jahrhundert die Entwicklung der Großstadt zu einem unverzichtbaren Mittelpunkt

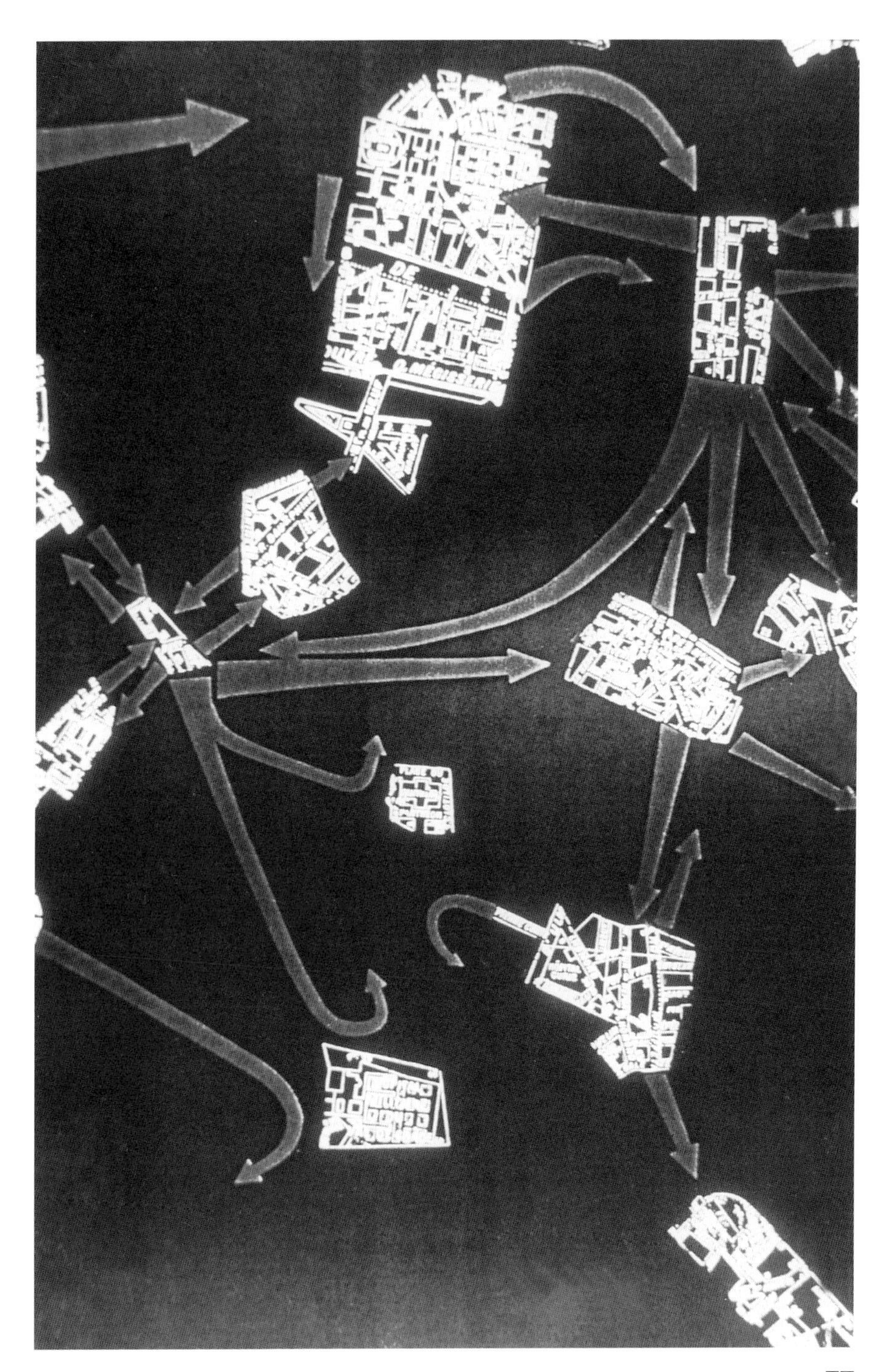

Situationist *dérive*, ca. 1955.

eines Spinnennetzes von Transport-, Kommunikations- und Handelsverbindungen erlebte, machen die elektronischen Möglichkeiten des einundzwanzigsten Jahrhunderts das obsessive und privilegierende Starren auf einen bestimmten Ort überflüssig: „(...) eine Aufteilung der Welt in Metropole und Provinz ist durch die heutige Verbreitung von Informationen und Bild fraglich geworden." In Dagmar Richters Analyse wird West-Berlin aufgrund der geographischen Isolation mit den Bedingungen des einundzwanzigsten Jahrhunderts konfrontiert: „Berlin ist deshalb erzwungenermaßen eine Stadt des einundzwanzigsten Jahrhunderts, ein Modell, in dem der Austausch von Waren durch Wissen ersetzt wird." An der Stelle des alten Potsdamer Bahnhofes – dem Symbol der veralteten mechanischen Kommunikation – sammelt ein Gedankengebäude elektronische Daten über alles, was in der Stadt passiert, digitalisiert und verbreitet sie in alle Welt: „Das Gedankengebäude konzentriert sich, implodiert, bis ein Niveau erreicht ist, bei dem ein Energieaustausch mit anderen Gedankenkonzentrationen auf und außerhalb der Erde stattfinden kann." Das elektronische „Simulacrum", empfangbar an jedem Ort der Welt, ersetzt die Aura und Bedeutung des „originalen", steinernen Berlins. Auf elektronischen Flügeln kommt die Botschaft von Tauts *Weltbaumeister* zurück.
Der resultierende Konflikt zwischen städtischem Raum und Bildschirm-Raum eröffnet die Aussicht, daß die alte Form der Stadt nur noch als Kadaver überlebt – das Szenario in dem Film *Bladerunner*. In den USA gibt es bereits klare Zeichen einer postindustriellen De-urbanisation, ein Widerhall der „Auflösung der Städte". Während der achtziger Jahre verlor New York City mehr als 10% seiner Bevölkerung, Detroit über 20%, Cleveland 23%, Saint Louis 27%. Vielleicht wird in der Zukunft städtischer Raum nur als Metapher für den elektronischen Raum der Datenverarbeitung verstanden werden? Könnte das die Botschaft der Berliner Fantasien von Lebbeus Woods sein? Sie sind eine Forderung nach „Heterarchy" – von Woods definiert als „a spontaneous lateral network of autonomous individuals: a system of authority based on the evolving authority of individuals: e.g. a cybernetic circus". Das ist die Opposition zu einer starren, zentralisierten Hierarchie. In Umdrehung der Stadtkrone plaziert Woods das Zentrum politischen Widerstandes in seinem Projekt „Underground Berlin" (1988) in den U-Bahnschacht des Bahnhofs Stadtmitte. Als Antwort zu immer neu wechselnden Informationen werden die Strukturen immer neu modifiziert, bis sie in fliegenden Fantasmen aufgehen, die das Kommunikationsnetz symbolisieren. Die Bildsprache hier ist eine eigenartige Mischung von Science-Fiction-Kitsch und H.G. Wells. Nach einem fabelhaften Luftballett über Paris kehren die fliegenden Schiffe in

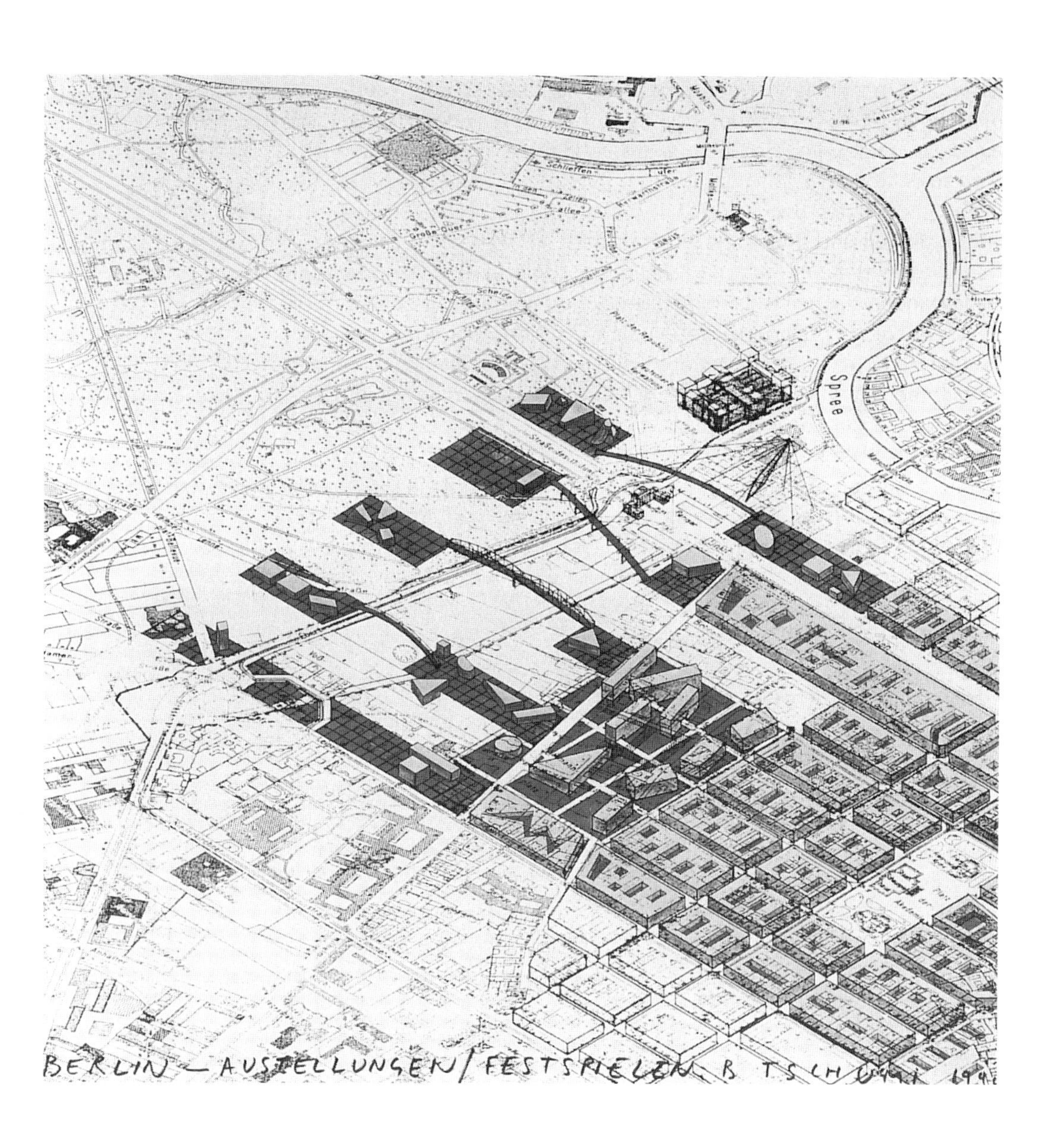

Bernhard Tschumi,
„Eastern Blocks", 1991.

Lebbeus Woods,
„Berlin Free Zone"
1988–1991.

Woods *Berlin Free Zone* nach Berlin zurück, wo sie die existierende Bausubstanz infiltrieren und so neue Möglichkeiten des Wohnens anbieten. Eine Form des „retro-fitting". In den Worten Woods heißt es: „(...) a type of urban order is created without hierarchy or fixed form, changing continuously according to changing conditions and actions, in opposition to the old urban order of static meanings and relationships, and to the new, corporate hierarchies soon to be imposed on the re-unified Berlin". *Woods verneint das stabile Zentrum und das Monstrum „Totalität". Statt dessen erhalten wir das Fragment, das selbst zum System wird, Formen auf der Suche nach Form, die befreiende Katastrophe einer Multidimensionalität und die intelligente Komplexität des Labyrinths.*
Das Labyrinth existiert sowohl im Raum als auch in der Zeit, als Raum, der zu sich selbst zurückkehrt, und als Abfolge von historischen Spuren oder Erinnerungen, unterschiedlich erkennbar in den aufeinanderfolgenden Schichten. Diese beiden Qualitäten machen die Bedeutung des Gebäudes aus, welches verspricht, der bedeutendste Beitrag der Ära des Dekonstruktivismus in der Berliner Stadtlandschaft zu werden: Daniel Libeskinds Erweiterung des Berlin Museums mit der Abteilung Jüdisches Museum. In seinem früheren Projekt „City Edge" bezog sich Libeskind auf Albert Speers Achsenplanung für Berlin und auf den Ort von Mies van der Rohes Atelier in der Straße Am Karlsbad 24. Mies' Atelier ist auch Bezugspunkt des Entwurfes des Jüdischen Museums, für den Libeskind eine ähnliche Strategie von in der Stadt verankerten Koordinaten anwendete. Die weiteren Koordinaten finden sich an den Berliner Adressen von Paul Celan, Friedrich Schleiermacher, Rachel Varnhagen, E.T.A. Hoffmann und Heinrich von Kleist. Libeskind erklärt hier seine Absicht „to turn the urban field into an open and what I would call a hope oriented matrix". Als labyrinthischer Blitz ist das Museum in die Matrix eingebunden, die zugleich einen langgestreckten Davidstern über den Stadtplan Berlins legt. Der Entwurf faltet und windet sich um sich selbst und ist gegen eine Leere gesetzt, die den Bau axial schneidet, aber dennoch kein Teil von ihm ist. Die Schlangenwindungen der Ausstellungsräume können als Antwort der Architektur auf die Auslöschung der Vernunft in den Vernichtungslagern verstanden werden, als eine Reaktion auf das Ende der Aufklärung, die für die Expressionisten noch Anlaß zur Hoffnung gab. „Infolgedessen", so Jacques Derrida in *Die Struktur, das Zeichen und das Spiel...*, einem der grundlegenden Texte über die Dekonstruktion, „mußte man sich wohl eingestehen, daß es kein Zentrum gibt, daß das Zentrum nicht in der Gestalt eines Anwesenden gedacht werden kann, daß es keinen natürlichen Ort besitzt, daß es kein fester Ort ist, sondern eine

Daniel Libeskind,
Erweiterung Berlin
Museum mit Abteilung
Jüdisches Museum,
Berlin, Entwurf 1989–
1991.

Funktion, eine Art von Nicht-Ort, worin sich ein unendlicher Austausch von Zeichen abspielt. Mit diesem Augenblick bemächtigte sich die Sprache des universellen Problemfeldes. Es ist das auch der Augenblick, da infolge der Abwesenheit eines Zentrums oder eines Ursprungs alles zum Diskurs wird (...) das heißt zum System, in dem das zentrale, originäre oder transzendentale Signifikat niemals absolut, außerhalb eines Systems von Differenzen, präsent ist." Die erlösenden Versprechungen eines Gottes, des aufgeklärten Menschen oder der universalen Gemeinschaft aller Menschen werden nicht mehr länger akzeptiert, und so brechen und splittern die kristallinen Hoffnungen in Libeskinds Entwurf. Differenzen und Diskurs sind an die Stelle einer stillen Sicherheit getreten.

Doch zwischen dem verzweifelten Geschrei gibt es die zentrale Leere, die das Museum beherrscht, eine Folge von Leerräumen, die nie gefüllt werden können und nur hier und da bei einem Rundgang sichtbar werden. In dem spezifischen Zusammenhang können sie als geradezu fühlbarer Ausdruck von Theodor Adornos Diktum verstanden werden, daß nach Auschwitz jedwede Poesie unmöglich sei. Daniel Libeskind erläuterte 1989: „Ich habe versucht, zu sagen, daß die jüdische Geschichte Berlins untrennbar mit der Geschichte unserer modernen Zeit und mit dem Schicksal dieser Geschichtsverbrennung verbunden ist. Sie sind aber nicht durch irgendwelche offensichtlichen Formen miteinander verquickt, sondern eher durch eine Negation, durch die Abwesenheit von Sinn und Geschichte, durch einen Mangel an Artefakten. Daher dient hier das Fehlende als Mittel dazu, die gemeinsamen Hoffnungen der Menschen in ganz anderer Weise tiefer miteinander zu verbinden."

Die Ästhetik der Abwesenheit und der Stille ist die stärkste Verbindung zwischen den Expressionisten und Dekonstruktivisten. Mit ihren Reaktionen auf die Brutalitäten des Ersten Weltkrieges bzw. auf die Unfaßbarkeit des Holocausts versuchen sie jenseits der Materie und aufgrund von Einsichten, die nur mittels präzisester Sprache erfaßt werden können, zu einer immer tiefer werdenden Stille zu gelangen. George Steiner schrieb einmal: „The ineffable lies beyond the frontiers of the word. It is only by breaking through the walls of language that visionary observance can enter the world of total and immediate understanding." Bruno Tauts „Kristallhaus in den Bergen" in der *Alpinen Architektur* trug den Untertitel „Tempel des Schweigens – ein Ort der „Andacht" und des „unaussprechlichen Schweigens".

Der Text wurde für die vorliegende Fassung leicht überarbeitet und ergänzt, ohne einen streng wissenschaftlichen Charakter anzustreben. Weiterführende Literatur ist in der nachfolgenden Bibliographie zu finden.

Bibliographie

Jacques Derrida, „Die Struktur, das Zeichen und das Spiel im Diskurs der Wissenschaften vom Menschen", in: *Die Schrift und die Differenz*, übersetzt von Rodolphe Gaché, Frankfurt/M. 1976.

Kristin Feireiss (Hrsg.), *Berlin–Denkmal oder Denkmodell. Architektonische Entwürfe für den Aufbruch in das 21. Jahrhundert*, Berlin, 1988.

Daniel Libeskind, „Between the Lines", in: Kristin Feireiss (Hrsg.), *Erweiterung des Berlin Museums mit Abteilung Jüdisches Museum*, Berlin, 1992.

Wolfgang Pehnt, *Die Architektur des Expressionismus*, Stuttgart, 1973.

Colin Rowe, *Collage City*, Cambridge, Mass. 1978.

Paul Scheerbart, *Glasarchitektur*, Berlin, 1914.

George Steiner, *Language and Silence*, Harmondsworth, 1979.

Bruno Taut, *Alpine Architektur*, Hagen, 1919.

Bruno Taut, *Die Stadtkrone*, Jena, 1919.

Bruno Taut, *Die Auflösung der Städte oder die Erde eine gute Wohnung*, Hagen, 1920.

Paul Virilio, „The Overexposed City", in: *Zone*, Nr.1/2, 1986.

Lebbeus Woods, „Terra Nova", in: *Architecture and Urbanism*, Extra Edition, August 1991.

Iain Boyd Whyte, *Bruno Taut, Baumeister einer neuen Welt*, Stuttgart, 1981.

Iain Boyd Whyte und Romana Schneider, *Die Briefe der Gläsernen Kette*, Berlin, 1986.

Iain Boyd Whyte, „Expressionistische Architektur – Der philosophische Kontext", in: *Das Abenteuer der Ideen: Architektur und Philosophie seit der industriellen Revolution*, Ausstellungskatalog, Neue Nationalgalerie, Berlin, 1984, S. 167–184.

Iain Boyd Whyte, „The Expressionist Sublime", in: Timothy O. Benson (ed.), *Expressionist Utopias: Paradise, Metropolis, Architectural Fantasy*, Exhibition Catalogue, County Museum of Art, Los Angeles, 1993, S. 118–137.

Wolfgang Schäche

Zur historischen Entwicklung des Berliner Wohn- und Geschäftshauses

„Aller Fortschritt des Geistes kann nur geschehen durch Erkenntnis des schon Vorhandenen, und während das Geschlecht mit einem Blicke vorwärtsstrebt, muß es den anderen rückwärts senden zum Vorhandenen ..., um aus ihm die Erkenntnis einer neuen Wahrheit, die das Bestehende aufnimmt und in einer ... höheren Entwicklung fortsetzt, zu gewinnen."
(Carl Gottlieb Boetticher, 1846)

Ich möchte im folgenden versuchen, eine Art analytischen Exkurs zur Entwicklung des Wohn- und Geschäftshauses zu absolvieren, um die historische Dimension für die architektonische Perspektive dieses Typus anschaulicher, nachvollziehbarer und konkreter zu machen. Im Rahmen dieses kurzen Beitrags und angesichts der Komplexität des Gegenstandes kann dies natürlich nur angerissen werden; ich werde mich kaum um Detaillierung und Differenzierung bemühen können und muß exemplarisch vorgehen. Der dabei entstehende skizzenhafte Längsschnitt ist mehr als eine Anstiftung zu weiterem Nachdenken und kritischer Reflexion denn als eine bereits „zu Ende gedachte" inhaltliche Auseinandersetzung gemeint.
Die folgenden Betrachtungen konzentrieren sich auf den Zentrumsbereich von Dorotheen- und Friedrichstadt und klammern die „Vorstädte" (einschließlich des ehemaligen West-Berlins) aus. Denn hier, im über dreihundert Jahre fortgeschriebenen Herzstück der Berliner City, lassen sich die historischen Entwicklungslinien am ehesten aufzeigen, und läßt sich vor allem das aufspüren, was der Stadt ihre bauliche Identität zu geben vermochte.
Die bewegte Stadtentwicklung mit den Kontinuitäten und Brüchen der mehr als drei Jahrhunderte ist nicht zu trennen von der Herausbildung der Gebäudetypen, die diesen innerstädtischen Bereich ausprägten und noch heute prägen. Die Transformation von der Wohnstadt zum durchmischten Zentrums-/City-Bereich geht dabei einher mit der Transformation der Gebäudetypen und ihrer Nutzungen.
Zur Veranschaulichung dieser Wechselbeziehung seien deshalb zunächst die strukturellen Entwicklungsetappen von Dorotheen- und Friedrichstadt skizziert, um vor diesem Hintergrund dann die typischen Charakteristika der Architekturen zu behandeln.

Die Dorotheenstadt, nach ihrer Gründerin Kurfürstin Dorothea (1636–1689) so bezeichnet, stellt die erste systematische Stadterweiterung

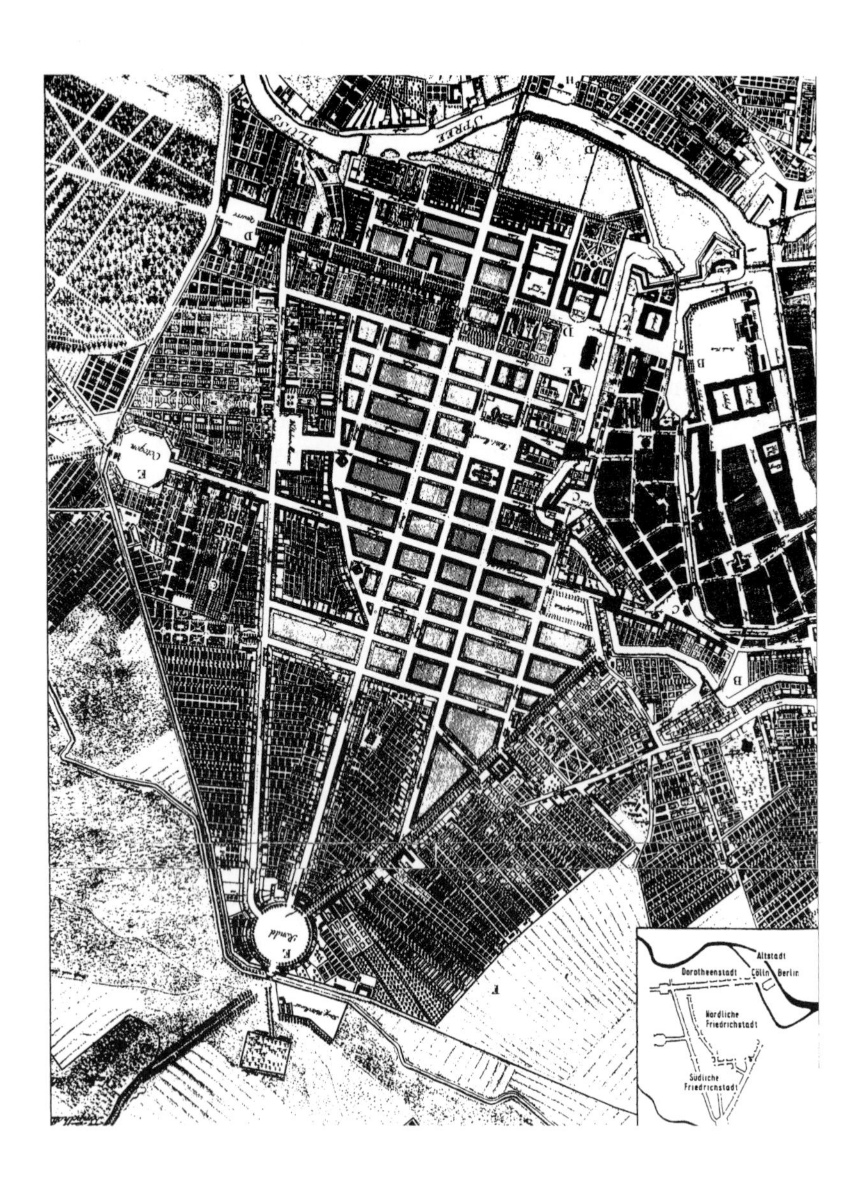

„Plan de la Ville de Berlin", gezeichnet unter der Leitung von Samuel von Schmettau, gestochen unter der Leitung von Georg Friedrich Schmidt, 1748.

Berlins dar. Als zweite Neustadt nach dem Friedrichswerder 1673 auf landesherrlichem Boden angelegt, erfuhr sie ab 1674 eine planmäßige Bebauung.
Ihre Konfiguration kennzeichnet ein orthogonales Grundrißmuster. Drei Parallelstraßen bilden das Hauptgerüst der Stadtanlage: die Straße Unter den Linden bzw. Erste Straße, welche zunächst nur an ihrer Nordseite parzelliert und bebaut wurde, die Mittelstraße sowie die Letzte Straße (zuerst Hintergasse genannt, später Dorotheenstraße, heute Clara-Zetkin-Straße). Sie werden ergänzt durch die dazu senkrecht verlaufene Neustädtische Kirchstraße, die erst Quer- bzw. Dammstraße benannte Friedrichstraße, die im Norden bereits bis zur Weidendammer Brücke aufschloß, und die Charlottenstraße.
Nur 14 Jahre später, 1688, kam es zur Anlage der (nördlichen) Friedrichstadt, die das orthogonale System der Dorotheenstadt aufnahm und nach Süden fortsetzte.
Nach vergleichsweise verhaltenem Entwicklungsverlauf während des achtzehnten Jahrhunderts avancierte die Dorotheenstadt in Verschmelzung mit der Friedrichstadt dann im neunzehnten Jahrhundert zum Kernbereich des Berliner Zentrums und blieb es bis zu den Verwüstungen des Zweiten Weltkrieges. Ihre gemeinsame Grundrißfigur, geprägt von dem signifikanten Achsenkreuz der Straße Unter den Linden, welche auf das Stadtschloß ausgerichtet war, und der Friedrichstraße, die einem „unendlichen Strahl" gleich die Dorotheenstadt und Friedrichstadt in Nord-Süd-Richtung durchmaß, bildete dabei den städtebaulichen Ausgangspunkt und die räumliche Orientierung. Sie behielt, eingedenk ihrer Ergänzungen und Erweiterungen – Neue Auslage im Norden, westlicher Bereich bis Pariser Platz und Leipziger Platz sowie Gebiet der „südlichen" Friedrichstadt –, über mehr als dreihundert Jahre ihre Gültigkeit und stellte das geschichtliche Kontinuum des alten Berliner Zentrums dar.
Die gesellschaftlichen Entwicklungen, ihre Sprünge und Brüche, spiegelten sich dagegen in den zum Teil exzessiv wechselnden Überbauungen, die sich als Moment der Ungleichzeitigkeit noch bis heute – im dezimierten Bestand – in ihrer Verschiedenartigkeit vermitteln. Mehr als sechs Bebauungsgenerationen überlagerten sich bzw. tauschten einander aus und brannten hierbei ihren jeweiligen Stempel in den Stadtgrundriß ein. So erlebte das bescheidene zweigeschossige Musterhaus der Stadtgründung seine partielle Ablösung durch die in der Regel drei- und viergeschossigen Mietshäuser nach der Bautaxa von 1755 sowie durch die Immediatbauten Friedrichs des Großen. Der barocke Hausbau erfuhr seinen teilweisen Austausch durch die klassizistische Bebauung des beginnenden neunzehnten

Jahrhunderts. Diese wiederum wurde massiv verdrängt von der gründerzeitlichen Prachtentfaltung und ihren nachfolgenden Bauwellen, welche Berlins Aufstieg zur Weltstadt manifestierten. Die in dieser Phase Stein gewordenen historisierenden Versatzstücke der abendländischen Architekturgeschichte – baulicher Ausdruck des Wilhelminismus – gingen dabei einher mit einer massiven Nutzungswandlung. Aus der einstmaligen Wohnstadt mit übergeordneten Standorten war eine dichte, vielschichtige Geschäftsstadt innerstädtischen Charakters geworden. Auf der barocken Stadtfigur hatte sich bis zu Beginn des zwanzigsten Jahrhunderts ein Aufriß vollendet, der architektonisch, funktional und nutzungsspezifisch alle Kategorien eines hauptstädtischen Citygefüges entfaltete. Quartiere besonderer Funktion und übergeordnete Standorte prägten dabei Dorotheen- und Friedrichstadt, vom Regierungsviertel um Wilhelmstraße und Wilhelmplatz über das Bankenviertel um die Behren- sowie Französische Straße bis zum Presseviertel im Bereich von Schützen- und Kochstraße: ein urbanes Gefüge, welches sich bruchlos bis über den Ersten Weltkrieg erhielt.

Die zwanziger und dreißiger Jahre suchten dann mit unterschiedlichen Architekturmustern und -ideologien die derart strukturell entwickelte Komplexität der Stadt aufzuheben bzw. neu zu organisieren und mußten hierbei kläglich scheitern. Blieben die städtebaulichen Visionen von einer Überwindung der bürgerlichen Stadt des neunzehnten Jahrhunderts während der Jahre der Weimarer Republik aufgrund der damaligen ökonomischen Bedingungen theoretisches Planspiel, so rächte sich der blutige Rausch der darauffolgenden nazistischen Welteroberungspläne – architektonisch ausgedrückt in den Speerschen „Germania-Planungen" – hingegen in unübersehbaren realen Trümmerfeldern.

Nach den zum Teil kreativen Improvisationen der Nachkriegszeit war dann den sechziger und siebziger Jahren schließlich der Widerspruch vorbehalten, das überkommene, beschädigte Erbe einerseits in Teilen zu rekonstruieren, andererseits die raumbildenden städtebaulichen Konventionen rigide aufzubrechen. Den Zerstörungen des Krieges folgte somit die in Ansätzen „zweite Zerstörung" eines vorgeblichen Wiederaufbaues.

Alle genannten Phasen waren dabei in der Regel durch Maßstabssprünge gekennzeichnet. Jedoch blieben die strukturbildenden städtebaulichen Rahmenbedingungen der Geschlossenheit des Blockes sowie die Einhaltung der Baufluchten durchgängig verbindlich. Die barocke Parzelle behielt als maßstabbildender Grundmodul der Überbauung ihre Gültigkeit, obschon sich die Besitzverhältnisse und Nut-

zungsstrukturen zusehends verschoben. Allein bei den Gebäudehöhen wurden die Regeln stetig durchbrochen. Nach den „wie an der Schnur gezogenen" gleichmäßigen Fronten der Musterhäuser der Erstbebauung ging bei jeder neuen Bebauungsgeneration mit dem eigenen Höhensprung die Vision einer Vereinheitlichung einher. Durch die Festlegung maximaler Traufhöhen (erst von 18 Metern nach der Bauordnung von 1853, dann von 22 Metern nach der Bauordnung von 1897) gelang es dann in der zweiten Hälfte des neunzehnten Jahrhunderts zwar, den vornehmlich ökonomisch bedingten Höhendrang zu bändigen, nicht aber in toto eine gleichmäßige Gebäudehöhe herzustellen. Die verbindliche Traufhöhe für Dorotheenstadt und Friedrichstadt erwies sich als ein permanentes städtebauliches Postulat: von dem Versuch Friedrich des Großen, mit seinen Immediatbauten einen verbindlichen Maßstab und eine städtebauliche Ordnung in die Höhenentwicklung zu bringen, über die prononcierten Kritiken Werner Hegemanns am Ende der zwanziger Jahre, in denen er vor allem die „ins Wanken geratenen" Traufen der „Linden" beklagte, bis zur formellen Einführung des „Lindenstatuts" im Jahre 1949 (welches auf einer „Satzung zum Schutze der Straße Unter den Linden und ihrer Umgebung gegen Verunstaltung" aus dem Jahre 1936 basiert und schließlich 1991 wieder außer Kraft gesetzt wurde). Insofern verbietet es sich, im engeren Sinne von *der* Berliner Traufhöhe zu sprechen, die zu einem unreflektierten Fetisch der aktuellen Diskussion geworden scheint.
Für Dorotheen- und Friedrichstadt gibt es jedoch in der Tat eine maximale Traufhöhe von 22 Metern, an der man im Interesse der Raumbildung und städtebaulichen Restitution unbedingt festhalten sollte. Denn die Frage des Höhenmaßstabs wird eine der entscheidendsten sein, wenn es um die auf der Basis der Geschichte aufbauende, behutsame Revitalisierung des Citybereiches geht. Für Dorotheenstadt wie Friedrichstadt muß sich die konkrete Beantwortung dieser Frage im einzelnen aus dem sensiblen Beziehungsgeflecht von Parzelle, Block, Straßenraum und existenter Bebauung ableiten. Die aus diesem Beziehungsgeflecht resultierende Baudichte, Form- und Nutzungsvielfalt ergaben die „städtische Philosophie" des Zentrums. Sie zu reaktivieren und mit zeitgemäßen Inhalten auszufüllen, sollte deshalb vornehmstes Ziel sein.

Betrachtet man nun vor dem Hintergrund der dargestellten städtebaulich-strukturellen Entwicklung die typologischen Veränderungen des Hausbaues in Dorotheenstadt und Friedrichstadt, so sind im wesentlichen – wie bereits angesprochen – sechs aufeinanderfolgende Be-

Häuserbau in Berlin um 1730, Perspektivische Darstellung von Dismar Degen.

bauungsgenerationen zu unterscheiden, wobei einzelne Phasen sich in verschiedene Bebauungsschübe untergliedern.
Die Erstbebauung von Dorotheenstadt und Friedrichstadt, welche im Prinzip als Mieterstädte angelegt waren, war zunächst durch zweigeschossige, traufständige Wohnhäuser mit fünf bzw. sieben Fensterachsen gekennzeichnet. Um eine einheitliche geschlossene Bebauung der Straßenräume zu gewährleisten, wurden obrigkeitlich festgelegte Musterhäuser entwickelt, nach deren Vorbild der Hausbau erfolgte. Das hier abgebildete Musterhaus von Philipp Gerlach, dem späteren Architekten der südlichen und westlichen Erweiterung von Dorotheen- und Friedrichstadt (ab 1732), faßt alle Charakteristika der ersten Überbauung zusammen: Der durch einen Mittelflur mit anschließender Treppe gegliederte Grundriß ist als Zweispänner ausgelegt, so daß in der Regel vier Parteien in einem solchen Haus wohnen konnten; in der Dachmansarde war ein Soldat untergebracht.
Schon in der Mitte des achtzehnten Jahrhunderts erlebte der Typus der ersten Generation, welcher der Vision der einheitlichen Stadt noch reale Gestalt gab, seine erste qualitative Veränderung. Das bescheidene zweigeschossige Wohnhaus der Stadtgründung wurde nun durch den Typus des drei- und viergeschossigen Mietshauses (zumeist mit fünf Achsen) ersetzt. In ihrer der Symmetrie folgenden Grundrißorganisation durchaus den Vorgängerbauten vergleichbar, signalisierten sie die Expansion der Stadt in die Vertikale und gaben dem städtischen Raum eine andere Maßstäblichkeit. Die Häuser nach der Bautaxa von 1755 veranschaulichen beispielhaft den sich damit verbindenden Typuswechsel. Zu ihnen ergänzten sich wenig später die von Friedrich dem Großen zur Nobilitierung des Stadtbildes veranlaßten Immediatbauten. An herausgehobenen Stellen des städtischen Gefüges plaziert, entstanden zwischen 1769 und 1786, dem Todesjahr des Königs, etwa 200 solcher zumeist nach italienischen Kupferstichwerken entworfenen aufwendigen Fassadenbauten, hinter denen sich vergleichsweise bescheidene Grundrisse verbargen. Ihre Bebauung faßte dabei in der Regel zwei bis drei der ursprünglichen Parzellen zusammen.
Um die Jahrhundertwende zum neunzehnten Jahrhundert ist dann ein weiterer qualitativer Wechsel konstatierbar. Der zwischenzeitlichen Entwicklung der Dorotheenstadt und Friedrichstadt Rechnung tragend, erlebt der Hausbau jetzt vor allem eine Nutzungsveränderung. Zu der noch immer bestimmenden Wohnnutzung tritt nun im Erdgeschoß vermehrt die Werkstatt und/oder das Verkaufslokal, was zu Grundriß- und Aufrißdifferenzierungen führt. Die äußerliche Gestaltung erfährt des weiteren eine einschneidende Wandlung, die in dem sich vollzie-

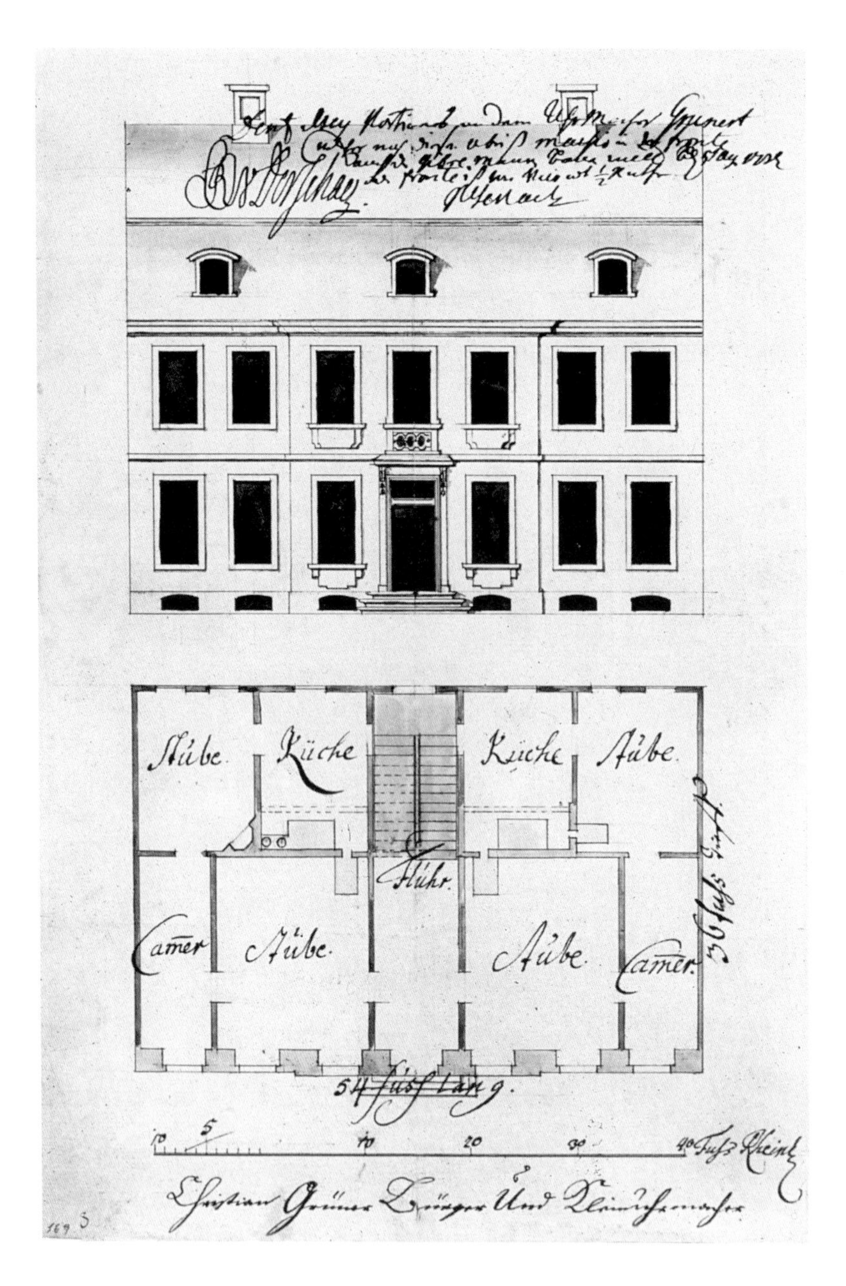

Aufriß und Grundriß eines siebenachsigen Musterwohnhauses mit Vermerken des Baumeisters Philipp Gerlach und des Gouverneurs General von Derschau, 1728.

Musterentwurf eines „hölzernen Gebäudes" nach der Bautaxa von 1755.

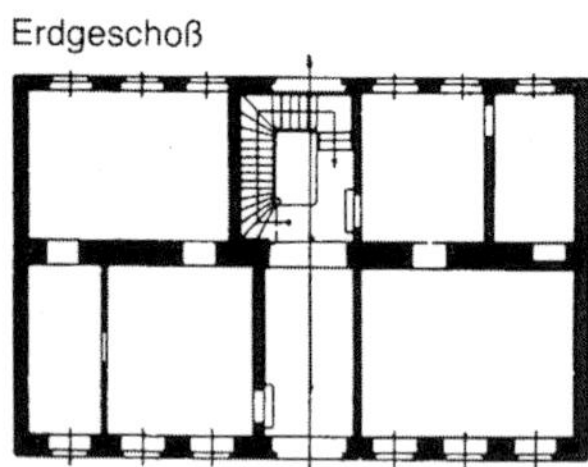

Das sogenannte
Habelsche Haus,
Unter den Linden 30,
Beispiel eines um 1800
umgebauten Barock-
gebäudes in der
Dorotheenstadt.

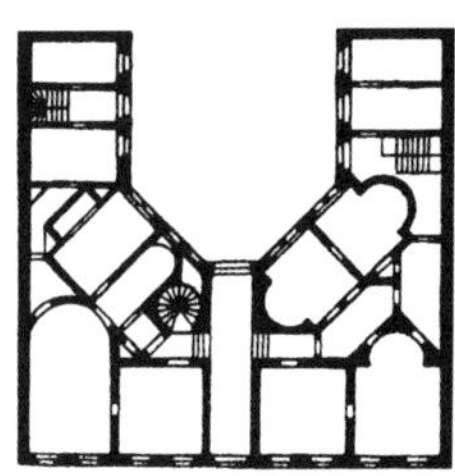

Karl Friedrich Schinkel,
Haus für den Ofen- und
Terrakotta-Fabrikanten
Tobias Christoph
Feilner, erbaut 1829.

Hermann Ende/Wilhelm Böckmann, Wohn- und Geschäftshaus Unter den Linden, Ecke Charlottenstraße, erbaut 1871/72, daneben (links) das in den gleichen Jahren nach Entwürfen von Wilhelm Neumann errichtete Gebäude der „Preußischen Central-Boden-Kredit-Bank".

henden Wertewechsel der Gesellschaft begründet liegt. Das barocke Prinzip weicht einer bürgerlichen Ästhetik, deren formale Muster nun vor allem aus der antiken Formenwelt abgeleitet werden.
Das sogenannte Habelsche Haus macht diesen Wandel in exemplarischer Weise anschaulich. Das wahrscheinlich schon vor 1700 errichtete Gebäude an der Straße Unter den Linden wird 1789 von den Gebrüdern Habel, die eine stadtbekannte Weinhandlung unterhalten, gekauft und 1801 für ihre Zwecke innen wie außen einem durchgreifenden Umbau unterzogen. Zeigt dieses frühe Beispiel die funktionale wie formalästhetische Transformation eines älteren Gebäudes zu Beginn des neunzehnten Jahrhunderts, so vergegenständlicht das 1829 nach Plänen Karl Friedrich Schinkels für den Ofen- und Terrakotta-Fabrikanten Tobias Christoph Feilner erbaute Wohnhaus in der „Südlichen Friedrichstadt" den mit der Verdichtung der Stadt einhergehenden Typuswandel (Ausbildung von Seitenflügeln und deren grundrißliche Vermittlung zum Vorderhaus) in Reinkultur. Nicht zuletzt mit diesem Gebäude hält die Ästhetik des ungeputzten Backsteins Einzug in den städtischen Hausbau.

Die von Hermann Ende und Wilhelm Böckmann 1871 konzipierte Gebäudeanlage an der Ecke Unter den Linden/Charlottenstraße belegt schließlich den inzwischen vollzogenen qualitativen Umschlag der Dorotheen- und Friedrichstadt von einer Wohnstadt in ein hauptstädtisches Zentrumsgebiet. In ihrer Funktionalität und ihrem grundrißlichen Aufbau spiegelt sich die das Zentrum inzwischen kennzeichnende Nutzungsvielfalt. Das Gebäude thematisiert den eigenständigen Typus des großstädtischen Wohn- und Geschäftshauses, der in der Regel nun nicht mehr vom Bauherrn selbst genutzt wird. Über dem Erdgeschoß, welches für verschiedene Ladenlokale angelegt ist, ist die sich architektonisch nach außen darstellende Beletage einem vornehmen Restaurant vorbehalten. Darüber addieren sich großzügige Wohngrundrisse, während im zeitgleich entstandenen, typologisch verwandten Nachbargebäude für die „Preußische Central-Boden-Kredit-Bank" von Wilhelm Neumann (später Wilhelm von Mörner) hier bereits reine Bürogrundrisse vorgesehen sind. Die Differenzierung respektive Stapelung unterschiedlicher Nutzungen veräußert sich schließlich in der architektonischen Gestaltfassung, die sich eines renaissancistischen Formenrepertoires bedient und in freier Interpretation am Aufbau von Palazzofassaden orientiert.
Mit dem sogenannten Zollernhof ist vor dem Hintergrund einer neuen Bauordnung (1897) dann der neue Typus des großstädtischen Geschäftshauses belegt, der – in Varianten – nahezu die erste Hälfte

Kurt Berndt/Albert F. M. Lange mit Bruno Paul (Fassade), Geschäftshaus Zollernhof an der Straße Unter den Linden, erbaut 1910/11.

dieses Jahrhunderts durchhalten sollte. Im Aufbruch in das zwanzigste Jahrhundert steht sein Typus exemplarisch für eine Reihe von Büro- und Geschäftshausneubauten, welche einen neuen Maßstab in die Dichte des Zentrums einführten. Ihr Entwurfskonzept verbindet sich vor allem mit den Namen Kurt Berndt und Albert F. M. Lange. Deren Gebäude waren durch eine spezifische Qualität der „freien und disponiblen Grundrißflächen" gekennzeichnet, welche eine nachhaltige innovative Wirkung auf den Geschäftshausbau der Folgezeit ausübte. Die in Analogie zu den variablen, auf Festkerne bezogenen Grundrißorganisationen entwickelten Fassadenarchitekturen waren hier ebenfalls von kreativer Eigenständigkeit getragen und vermochten die funktionale Modernität der Gebäude auf die äußere Gestalt zu übertragen. Zumeist in der Dichte des innerstädtischen Blockes eingefaßt, thematisierten die Fassaden den Typus des symmetrisch aufgebauten und gegliederten „Einzelhauses in der geschlossenen Bauflucht", einen Typus, der vor allem in der stets aus der Reihung herausgehobenen Dachfigur seinen signifikanten Ausdruck fand. Das hohe, schwere Dach erwies sich dabei als wohlproportionierter, bekrönender Abschluß eines jeweils auf „Dreiklang" bedachten Gebäudeaufbaues. Es ergänzte sich maßstäblich mit einer klar definierten Sockelzone und der darauf aufbauenden, in der Regel durch „große Ordnungen" strukturierten Fassadenwand mit kräftigem Gesims.
Die Tragfähigkeit des hierbei entwickelten Konzeptes einer durch den Block (bis zur Mittelstraße) gesteckten Gebäudeeinheit wurde durch die Ende der dreißiger Jahre begonnene spiegelbildliche Verdoppelung des Zollernhofes unter Beweis gestellt.
Der 1925 vorgelegte Entwurf von Otto Kohtz für das Verlagshaus des Scherl-Konzerns schreibt schließlich das Prinzip der offenen, aufgerasterten Grundrisse fort, jedoch überträgt er dieses Prinzip von der Hauseinheit auf die Dimension der den gesamten Block vereinnahmenden Großform. In der strengen Vertikalität der Fassaden, über denen sich kühne Staffelgeschosse aufbauen, die wiederum von einem kräftigen Turm überhöht werden, wird die Vision des „Weltstädtischen" beschworen, die Perspektive der „modernen Großstadtarchitektur", der Traum von Metropolis.
Das 1937 begonnene Verwaltungsgebäude der Allianz-Lebensversicherung an der Mohrenstraße thematisiert dann noch einmal den Maßstabssprung vom Gebäude zum Block. In seiner grundrißlichen Organisation und architektonischen Gestalt ist es aber – gemessen an dem frühen Beispiel des Zollernhofes und dessen Fortschreibung bei Scherl während der zwanziger Jahre – ohne jegliche Innovation. Qualitativ fällt es weit hinter die modernen Ansätze, die bereits zu

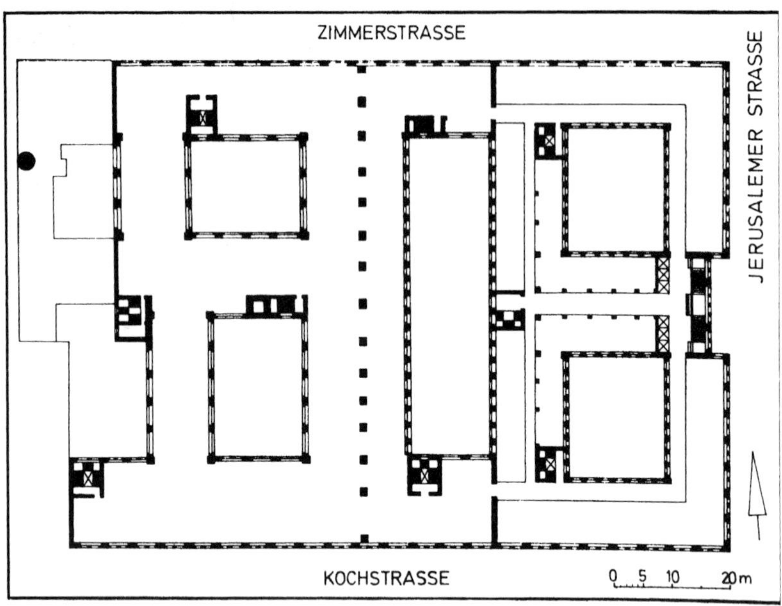

Otto Kohtz, Entwurf für das Verlagshaus der August Scherl GmbH, 1925.

Verwaltung der Allianz-Lebensversicherung an der Mohrenstraße 1, Bauabschnitt von 1937.

Haus des Deutschen Innen- und Außenhandels an der Friedrichstraße, 1954–1956.

Bürogebäude „Textil-Commerz", Unter den Linden, Ecke Schadowstraße, 1962–1964.

Beginn des zwanzigsten Jahrhunderts herausgearbeitet worden sind, zurück.
Waren die ersten Jahre nach Beendigung des Krieges dann zunächst darauf gerichtet, die Ruinentrümmer zu beseitigen, die technische Infrastruktur provisorisch wieder herzurichten und sich im übrigen in der Improvisation am noch Vorhandenen zu üben, so erfolgten in den beginnenden fünfziger Jahren erste Neubaumaßnahmen, die unter dem vielsagenden Motto „Wiederaufbau" standen. Einen im Wortsinne innovativen Ansatz hatten diese Beispiele jedoch nicht. Die sechste Bebauungsgeneration variierte im besten Falle die Muster der vorangegangenen Phase. Das Gebäude der Bulgarischen Handelsvertretung an der Friedrichstraße von 1950–52 zum Beispiel orientiert sich an den Gestaltungsrepertoires der zwanziger Jahre, wobei es grundrißlich noch die Hauseinheit im Blockkontext umsetzt. Der ebenfalls an der Friedrichstraße zwischen Taubenstraße und Mohrenstraße lokalisierte Gebäudekomplex des Deutschen Innen- und Außenhandels von 1954–56 folgt hingegen mit seinen auf Massivität abstellenden Fassaden dem makrostrukturellen Ansatz des auf dem Blockgeviert befindlichen Allianz-Gebäudes von 1937.
Der wenige Jahre später an der Straße Unter den Linden realisierte Gebäuderiegel für die „Textil-Commerz" (1962–64), entstanden im Zuge der Wiederbebauung des westlich der Friedrichstraße gelegenen Teils der Straße, unterstreicht in seiner gesichtslosen Austauschbarkeit die erklärte Angleichung der Architektur an westliche Gestalt- und Technikstandards. Bei dem Stahlbetonskelettbau stapeln sich über einer hohen, offenen Ladenfront im Erdgeschoßbereich vier Bürogeschosse, welche als Mittelgangtyp angelegt sind. Obschon sich das Gebäude in seiner Geschossigkeit, Zonung und Höhenentwicklung an die Vorgaben des sogenannten Lindenstatuts hält, offenbart es sich als architektonisch deplaziert. Denn nicht die Hauseinheit im städtischen Block wird thematisiert, sondern der Typus der Zeile, der sich als unfähig erweist, die städtische Ecke zu formulieren.
Das an der Charlottenstraße, in räumlicher Zuordnung zum Gendarmenmarkt erbaute Gebäude der (Ost-)CDU sowie der benachbarte Internatsbau leiten schließlich die architektonische Wende der achtziger Jahre ein. Den postmodernen Formspielereien westlicher Provenienz wird eine sich pseudohistoristisch gebärdende Fertigteil-Folklore entgegengesetzt, die Architektur mit Designstrategie verwechselt.

Mit den aufgezeigten Etappen der innerstädtischen Entwicklung und den damit einhergegangenen typologischen Veränderungen des Hausbaues ist offensichtlich geworden, daß im engeren Sinne von einer

Ehemalige CDU-Partei-
zentrale der DDR (links)
und Internatsgebäude
in der Charlottenstraße,
1980/81.

spezifischen „Berlinischen Architektur", die etwa am formalen Repertoire bzw. am konkreten Gestaltcharakter festzumachen wäre, nicht die Rede sein kann. Ein formales Regelwerk ausmachen zu wollen, hieße deshalb einem Phantom nachjagen. Denn zu komplex und qualitativ unterschiedlich sind die Erscheinungsformen gesellschaftlichen Lebens, die sich im Mikrokosmos Großstadt in ihrer Ungleichzeitigkeit verdinglichen, als daß sie sich in einem durchgängig identifizierbaren Gestaltungsschema abbilden ließen. Das, was eine Stadt in ihrem Wesen unverwechselbar macht und sich auch auf ihren baulichen Charakter überträgt, ist gleichsam im Atmosphärischen vermittelt respektive in ihrer mentalen Befindlichkeit, nicht aber in spezifischen Bauformen. Das typisch „Berlinische" der vielschichtigen Gebäudesubstanz ist dementsprechend in der Haltung der Stadt zu ihrer Architektur angelegt und vor allem in der Qualität der urbanen Aneignung des Gebauten. Hierin sind dann auch Spezifika auszumachen, die „Berlinisches" inhaltlich umreißen könnten: Es ist geprägt von großstädtischer Modernität, Nüchternheit, Kargheit und Rationalität, bar jeglicher Sentimentalität, ohne tiefere Sinnlichkeit, und es ist im Habitus eher kompromißlos, rüde, unverfroren, zuweilen grob und brutal denn elegant, zurückhaltend und auf Harmonie bedacht.
Was jedoch das nur abstrakt faßbare Atmosphärische in der zeitlichen wie räumlichen Dimension vergegenständlicht, ihm seine identitätsstiftende Bindung verleiht, das sind die strukturellen Charakteristika von städtischem Grund- und Aufriß. An ihnen entwickelte sich letztlich das, was wir, retrospektivisch betrachtet, als das „Berlinische" erkennen können.
Das aber schließt in Geschichte, Gegenwart und Zukunft ausdrücklich das individuelle baukünstlerische Moment, das Ungleichzeitige wie das Neue mit ein. In diesem Sinne sind denn auch die Architekturen von Philipp Gerlach und Karl Friedrich Schinkel, von August Stüler und Bruno Schmitz, von Erich Mendelsohn und Otto Kohtz, von Fritz August Breuhans und Richard Paulick, von Josef Paul Kleihues und Jürgen Sawade, von Jean Nouvel und Daniel Libeskind, in all ihrer Widersprüchlichkeit, typisch „berlinisch" zu nennen.

Hans Stimmann

Kritische Rekonstruktion und steinerne Architektur für die Friedrichstadt

Wer sich mit den städtebaulichen Vorgaben der „Kritischen Rekonstruktion" und den architektonischen Zielen steinerner Architektur, aber auch den auf diesen Grundlagen entworfenen Projekten in der Dorotheen- und Friedrichstadt auseinandersetzt, sollte sich zu Beginn einer Diskussion dieser Positionen einige einfache Sachverhalte in Erinnerung rufen.
Große Teile des bis zum Ende des Zweiten Weltkrieges dichtbebauten und hochkomplexen Zentrums der deutschen Hauptstadt befanden sich aufgrund der politischen Teilung, des Mauerbaues und der darauffolgenden Abrisse der unmittelbaren Nachkriegsjahrzehnte zum Zeitpunkt der Wiedervereinigung im Zustand einer inneren Peripherie. Mehrere hundert Hektar Brachfläche in zentralster Lage, dazu nach dem Ende des DDR-Staates leerstehende Regierungsgebäude in einer Größenordnung, die die sofortige Unterbringung einer kompletten Regierung eines mittleren europäischen Staates ohne Schwierigkeiten ermöglicht hätte, ergänzten diese innere Peripherie um den Typus eines von breiten Straßen durchfurchten Stadtfragmentes. Für eine solche historisch einmalige Situation galt es – circa eineinhalb Jahre vor dem Hauptstadtbeschluß –, ein städtebauliches Konzept und eine stadtplanerische Strategie zu entwickeln. Diese mußten aus dem Stand heraus in einer gründerzeitlichen Dimension von mehreren Millionen Quadratmetern Bruttogeschoßfläche genehmigungsreife Antworten auf die Investitionswünsche privater Bauherren geben. Allein die Erfüllung dieses für die wirtschaftliche Entwicklung der wiedervereinigten Stadt gar nicht hoch genug einzuschätzenden Anspruches, war ein theoretisches und politisches Kunststück besonderer Qualität. Die Befriedigung der wirtschaftlichen Erwartungen ging einher mit der städtebaulichen Zielsetzung, jede weitere Zerstörung der fragmentarisierten Areale östlich und westlich der Mauer zu vermeiden. Es ist beachtenswert, daß die städtebaulichen Ziele nie über politische Beschlüsse, sondern lediglich durch eine intensive Diskussion über die Zukunft der inneren Stadt mit dem Ziel einer gesellschaftlichen Konsensbildung durchgesetzt wurden.
Die praktische Umsetzung des städtebaulichen und architektonischen Konzeptes in reale Bauprojekte hatte und hat noch ein weiteres Hindernis zu überwinden. Auf dem Gebiet der ehemaligen Hauptstadt der DDR geht es um die praktisch noch nie erprobte und theoretisch niemals durchdachte Aufgabe der Rekonstruktion einer kapitalistischen

Ökonomie in einer bis in alle Poren verstaatlichten Millionenstadt. Zentrales Element einer derartigen „Revolution rückwärts" ist die Wiedereinführung eines privaten Haus- und Grundbesitzes. Integraler Bestandteil dieses unglaublich schwierigen Prozesses, für dessen Bewältigung inzwischen ein eigenes Amt, nämlich das Landesamt zur Regelung offener Vermögensfragen, gegründet wurde, ist die Rückkehr zur Normalität des Verhältnisses zwischen Architekt, privatem Bauherrn und der öffentlichen Verwaltung, die Regeln für Architekten und Bauherren aufzustellen hat.
Die Möglichkeit und Wahrscheinlichkeit, in dieser neuen Gründerzeit kapitale Fehler zu begehen, waren nicht nur für die beteiligten Senatsverwaltungen und die involvierten privaten Bauherren, sondern auch für die Architekten enorm groß, zumal die konzeptionellen und administrativen Grundlagen für eine derartige Aufgabe nur bedingt vorhanden waren. Im Zuge der Vereinigung der beiden Stadthälften Berlins wurde bekanntlich der Ost-Berliner Generalbebauungsplan aufgehoben, da seine DDR-typischen Inhalte überholt waren. Folge: Für eine Stadt in der Größenordnung Münchens mit gründerzeitlichem Bauprogramm und einem weitgehend brachgefallenen historischen Zentrum existierten weder eindeutige Grundstücksverhältnisse noch Pläne, die den Rahmen für den historisch einmaligen Prozeß für alle Beteiligten verbindlich definierten.
Auf welche schiefe Bahn die Berliner Entwicklung hätte geraten können, wenn sie auf die Forderungen des überregionalen Feuilletons und die Phantasie internationaler Architektenstars – gekoppelt mit den spekulativen Träumen privater Investoren – gehört hätte, zeigt exemplarisch ein Rückblick auf die ersten Ideen für das neue Berlin, wie sie z. B. im Rahmen der FAZ-Initiative im Januar 1991 von Michael Mönninger und Vittorio Magnago Lampugnani in Zusammenarbeit mit den Architekten Vittorio Gregotti, Rem Koolhaas, Hans Kollhoff, Aldo Rossi, Giorgio Grassi, Norman Foster, Josef Paul Kleihues, Oswald Mathias Ungers und anderen initiiert wurde. Diese überwiegend stadtzerstörerischen, utopischen, freien Stadtkompositionen hätten überdies eine vollkommen neue Organisation der Grundstücke zur Voraussetzung gehabt. Angesichts der zahlreichen Bauwünsche alter und neuer Eigentümer und Investoren für einzelne Grundstücke waren die Entscheidungsträger im Bezirk Mitte und in der Senatsbauverwaltung gezwungen, sich im Entscheidungsprozeß selbst die städtebaulichen und architektonischen Grundlagen zu erarbeiten. Dies geschah zunächst durch die verbale Forderung nach der „Kritischen Rekonstruktion" der historischen Innenstadt. Nach und nach wurde dieses Leitbild planerisch und theoretisch durch gutachterliche Stellungnahmen zu

einzelnen Bereichen (Pariser Platz, Spittelmarkt, Bahnhof Friedrichstraße) und schließlich für die gesamte Stadt untermauert. Das durchaus umstrittene Leitbild der „Kritischen Rekonstruktion" für die historische Stadt des achtzehnten und neunzehnten Jahrhunderts konnte sich auf die theoretische Grundlagenarbeit und die praktischen Erfahrungen stützen, die Prof. Josef Paul Kleihues in der südlichen Friedrichstadt mit demselben Konzept im Rahmen der Internationalen Bauaustellung Berlin (IBA) entwickelt hatte.
Wie in den achtziger Jahren bei der IBA, geht es auch heute keineswegs um die konservatorische Rekonstruktion des geschundenen Stadtgrundrisses, sondern vielmehr um eine Überlagerung mehrerer Strategien wie:

- der sinnvollen Rekonstruktion zerstörter Stadträume, wo dies ohne Verkrampfungen möglich ist,
- der Fortschreibung historischer Blockstrukturen und damit dem Entwurf neuer stadträumlicher Situationen (wie z.B. am Potsdamer Platz) und
- der Hinzufügung neuer Elemente, die sich bewußt, aber eben auch gezielt gegen das Vergangene stellen.

Selbstverständlich konnte es nicht um eine mechanische Übertragung der mit der IBA in der südlichen Friedrichstadt angewandten Strategien gehen, sondern um die Weiterentwicklung dieses theoretischen Prinzips auf die nutzungsstrukturell andersartige Situation im nördlichen Hauptabschnitt der Friedrichstadt und in der Dorotheenstadt. Die Hauptnutzung ist heute nicht mehr – wie noch in dem in Westberlin gelegenen IBA-Gebiet – der öffentlich geförderte Wohnungsbau; sie wird abgelöst von den typischen innerstädtischen Nutzungen wie Büros, Hotels, Warenhäusern, Ministerien usw. mit ihren großen, den traditionellen Maßstab von Häusern sprengenden Flächenansprüchen.
Ausgangspunkt der „Kritischen Rekonstruktion" der zerstörten Innenstadt war die Besinnung auf die vielfach verdrängte Tatsache, daß die Zerstörung der historischen Stadt nicht eine Folge des Krieges, sondern vor allem eine Folge von Politik und Abrißplanung in Ost und West und im speziellen eine Folge des Mauerbaus war. Um das größte Mißverständnis dieser Methode städtebaulicher Entwurfsarbeit anzusprechen: Selbstverständlich geht es nicht um eine Wiederherstellung historischer Zustände; dies gilt gleichermaßen in bezug auf den Städtebau, die Architektur und die sozialen und ökonomischen Vehältnisse der neuen und alten Mitte Berlins. Die „Kritische Rekonstruktion" sucht „einen Weg des Dialogs zwischen Tradition und Moderne, sucht

die Kontradiktion der Moderne nicht im Sinne eines Bruchs, sondern der sichtbar bleibenden Entwicklung über die Stationen von Ort und Zeit" (Josef Paul Kleihues).
Die Ebene, auf der die Wiederherstellung des historischen Zentrums organisiert wird, ist also nicht, wie vielfach gefordert und oft befürchtet, die eines nostalgischen Stadtbildes, sondern die einer differenzierten Stadtstruktur. Das Zentrum Berlins soll in seinen historischen Schichten, seinen Abfolgen städtischer Räume und seiner differenzierten Nutzungsvielfalt, aber auch als Ort zeitgenössischer Architektur wieder erfahrbar werden. Das aber ist heute an vielen Stellen problematisch, denkt man an die autobahnähnlich ausgebaute Leipziger Straße, den untergepflügten Spittelmarkt, den Verlust von stadträumlichen Qualitäten im Schloßbereich, die Verletzungen am S-Bahnhof Friedrichstraße durch das IHZ-Hochhaus, die Breschen, die die Mauer im Bereich des Checkpoint Charlie geschlagen hat oder an die leergeräumten ehemaligen Stadtplätze: Leipziger, Potsdamer und Pariser Platz.

Auf eine theoretische Begründung der Methode der „Kritischen Rekonstruktion" wird an dieser Stelle verzichtet. Statt dessen sollen die Regeln, d. h. sozusagen das praxisbezogene Output dieser anspruchsvollen theoretischen Position beschrieben werden:

- Das historische Straßennetz und im Zusammenhang damit die historischen Baufluchten der Straßen und Plätze sind zu respektieren bzw. zu rekonstruieren.
- Die maximal zugelassene Höhe der Bebauung beträgt bis zur Traufe 22 m und bis zum First 30 m.
- Als Voraussetzung für die Erlangung der Baugenehmigung wird der Nachweis eines Anteils von ca. 20% der Bruttogeschoßfläche an Wohnnutzung gefordert.
- Die Bebauungsdichte (GFZ) wird nicht vorgeschrieben. Sie ergibt sich durch die oben genannten Rahmenbedingungen als Produkt aus der Art der Nutzung und den Regeln der Bauordnung.
- Grundlage für die Bebauung ist das städtische Haus auf einer Parzelle; die maximale Parzellengröße ist der Block.

Es ist oft zu Recht kritisiert worden, daß sich mit einem solchen einfachen Regelwerk zwar die schlimmsten Wucherungen kommerzieller Architektur vermeiden lassen, aber damit noch lange nicht sichergestellt ist, daß sich dadurch eine Wiedergeburt einer spezifisch Berlinischen Architektur einleiten läßt. Die Grundrisse und Fassaden der genehmigten Bauvorhaben in der Friedrichstadt zeigen dies mit

Friedrichstadt:
Baubestand vor 1945.

aller Deutlichkeit. Mit der Rahmensetzung der „Kritischen Rekonstruktion" beginnt also erst die Arbeit und die Verantwortung der Architekten, der privaten und öffentlichen Bauherren.
Am Beginn dieser Arbeit steht hier die Forderung an die Architekten und Bauherren, die Tradition des steinernen Berliner Büro-, Geschäfts- und Warenhauses aufzugreifen und fortzuschreiben. Für diese Berliner Tradition stehen Namen wie Peter Behrens, Wilhelm Cremer, Alfred Grenander, Ludwig Hoffmann, Alfred Messel, Erich Mendelsohn, Hermann Muthesius, Bruno Paul, Ludwig Mies van der Rohe, Johann Emil Schaudt, Max Taut, Richard Wolffenstein und andere. Sie alle waren Architekten, die sich modernster Materialien und Techniken bedienten, Stahl- und Betonkonstruktionen entwarfen, Glas und hartgebrannte Klinker oder Naurstein einsetzten und trotzdem traditionsverbundene Baukörper schufen.
Der Forderung nach einer steinernen Architektur liegt zunächst die Überzeugung zugrunde, daß ausschließlich aus gläsernen oder – wie heute üblich – mit Naturstein „gefliesten" Häusern oder die konstruktiven Elemente nachzeichnenden Gebäuden niemals eine Stadt im traditionellen Sinne entstehen kann. Auch ein Geschäftshaus muß mit Anstand alt werden können, beständig und reparaturfähig, aber auch anpassungsfähig und veränderbar sein. Erst im Alterungs- und Aneignungsprozeß über mehrere Generationen zeigen sich sein Charakter, seine ökologische Qualität und sein ökonomischer Wert. Diese Fähigkeit haben insbesondere der Naturstein, der Ziegel oder der Putz. Die Forderung nach „steinener Architektur" bedeutet natürlich nicht die Forderung nach einer aus einem Material bestehenden Wand, in der konstruktive Anforderung, Wärmeschutz und wetterabweisende Funktion zusammenfallen. Die tragenden Konstruktionen aus Stahl oder Stahlbeton der berühmten Beispiele Berliner Geschäfts- und Warenhäuser waren immer verkleidet, innen wie außen. Wirklich neu am Thema Verkleidung ist die konstruktive Verarbeitung der Wärmedämmung zwischen der Verkleidung und den tragenden Elementen. Die Forderung versteht sich also mehr als Kritik an gestalterischer Willkür, an anonymer Glätte und dekorativer Verkleidung mit extrem dünnen und mit offenen Fugen vor die Wärmedämmung gehängten Natursteinmaterialien. Bei der Forderung nach einer steinernen Architektur geht es also nicht um das „ob", sondern darum, „wie" eine Verkleidung in handwerklich sauberer Art in eine dauerhafte Verbindung zur Konstruktion gebracht wird. Dies ist eine Aufgabe der Architekten und natürlich auch der Bauherren, da der architektonische Aufwand nicht ohne wirtschaftliche Bewertung der Bau- und Bewirtschaftungskosten zu haben ist.

Friedrichstadt:
Baubestand 1989.

Damit nicht trügerische und monotone Stadtbilder, sondern lebendige städtische Strukturen entstehen, war und ist die Forderung nach einer Besinnung auf die kleinste städtische Form, nämlich auf das städtische Haus auf einer eigenständigen Parzelle im Block notwendig. Die Durchsetzung dieses Prinzips gestaltet sich in der Praxis am schwierigsten. Die professionellen Investoren – Banken, Versicherungen, Baugesellschaften, Hotels, Warenhäuser etc. – operieren regelmäßig nicht in mittelständischen Hauseinheiten, sondern denken in Großstrukturen. Die Thematisierung des Hausprinzips bei gleichzeitiger Höhenbegrenzung hätte deswegen Teil eines politisch-ökonomischen Programms zur Förderung mittelständischer Bauherrenschaft werden müssen. Diese politische Möglichkeit wurde jedoch bisher verpaßt. In der Praxis ergab sich daher leider als neuer Typ ein Gebäude, welches einen halben oder sogar einen ganzen Block umfaßt. Einige engagierte Bauherren und deren Architekten begriffen diesen Widerspruch, verstanden ihn aber auch als eine Herausforderung für die Suche nach einem Kompromiß zwischen wirtschaftlicher Realität, Hausbau und Architektur. Beispiele dafür sind das Kontorhaus Mitte und das Hofgarten-Projekt (beide von Josef Paul Kleihues), das Spittelmarkt-Projekt (Christoph Ingenhoven) sowie Aldo Rossis Projekt an der Zimmerstraße und die Gendarmenmarkt-Bebauung (Max Dudler, Josef Paul Kleihues, Christoph Sattler).
Wie auch immer, das Sicheinlassen auf dieses Thema, also auf den Bau eines städtischen Hauses, erfordert eine intensive architektonische Auseinandersetzung mit den typologischen Besonderheiten der jeweiligen Bauaufgabe – Geschäftshaus, Hotel, Warenhaus usw. – in bezug auf den Habitus, die Proportionen, das Erschließungssystem, die Materialwahl und die architektonischen Details. Um Mißverständnissen vorzubeugen: Die Beschäftigung mit typologischen Fragen ersetzt nicht architektonische Lösungen. In der entwurflichen Umsetzung typologischer Überlegungen oder Vorgaben ergeben sich Varianten oder sogar Metamorphosen. Typologische Überlegungen schließen Individualität nicht aus, sondern ein.
Planungstheoretisch bedeutet die ohne formalen politischen Beschluß inzwischen üblich gewordene Anwedung dieser Methode einen relativen Rückzug des Staates, eine radikale Reduzierung der Regelungsdichte bei gleichzeitiger Präzisierung der verbleibenden Regeln. Die Ähnlichkeit mit den Fluchtlinienplänen aus der Zeit der Berliner Bauordnung um die Jahrhundertwende sind nicht zufällig.

Friedrichstadt: Planungen 1991, Projektbereiche und konkretisierte Projekte.

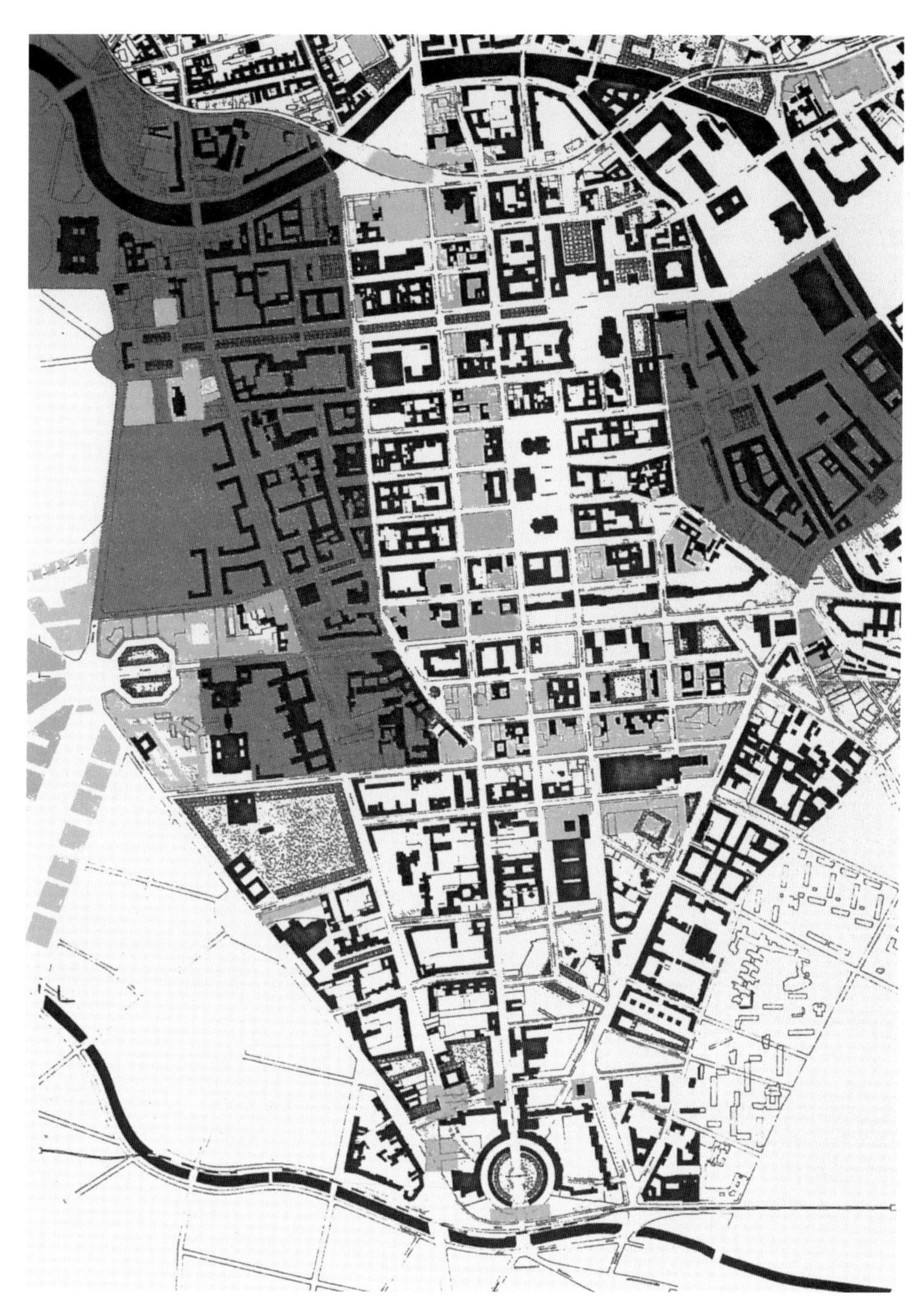

Die bisherigen Ergebnisse im Umgang mit den drei zentralen Forderungen

- Höhenbeschränkung,
- Bezugnahme auf den historischen Stadtgrundriß,
- Forderung nach einer parzellenweisen Hausbebauung

zeigen deshalb sowohl den relativen Erfolg als auch die Problematik der Methode, die im folgenden anhand der praktischen Erfahrungen noch einmal reflektiert werden soll.

Die *Bebauungshöhe* orientiert sich mit ihren 22 m bis zur Traufe bzw. 30 m bis zum First an der zweiten, erst 1897 mit der Berliner Bauordnung beginnenden gründerzeitlichen Phase. Die 22 m boten damals Platz für fünf Vollgeschosse. Zusammen mit den zahlreich vorhandenen Bauten der davorliegenden Phase, die vier Geschosse zuließ, und einigen zwei- und dreigeschossigen Bauten aus der vorindustriellen Phase hatte sich eine bauliche Physiognomie ausgebildet, die bis zu den Kriegszerstörungen das lebendige Bild der Friedrichstadt prägte. Die jetzige Vorgabe von 22 m vereinheitlicht die Traufhöhe der Friedrichstadt, auf die nun nicht mehr das früher übliche geneigte Dach, sondern zwei weitere, zurückgesetzte Vollgeschosse folgen. Insbesondere die zwei zusätzlichen Staffelgeschosse im früheren Dachgeschoßbereich bewirken eine gravierende Veränderung der Maßstäblichkeit der Straßenprofile sowie der Dachaufsichten. Dies wird immer dann besonders deutlich, wenn ein neues Gebäude an ein historisches anschließt. Die oben genannten Vorgaben der „Kritischen Rekonstruktion" haben also real ein Plus von vier Geschossen zur Folge: zwei zusätzlichen Staffelgeschossen, einem sechsten Geschoß bis zur Traufhöhe und schließlich mindestens einem durchgängig von Läden mitgenutzten Untergeschoß.
„Haustypologisch" entsteht auf stark vergrößerten, oft einen größeren Blockteil umfassenden Hausgrundrissen allerdings etwas, was eher für die vorletzte Phase der Friedrichstadt typisch war. Vollzog sich historisch die Entwicklung vom Wohnhaus über das gemischtgenutzte Geschäftshaus hin zum monogenutzten Haus – dem reinen Bürohaus, dem Hotel oder dem Kaufhaus – , sind wir jetzt wieder beim gemischtgenutzten Geschäftshaus angelangt. Die typische Nutzung eines solchen Hauses ist folgendermaßen gestaltet: Erdgeschoß, erstes Obergeschoß und erstes Untergeschoß mit Läden und Gastronomie, zweites bis sechstes Obergeschoß mit Büros und schließlich siebentes und achtes Obergeschoß mit Wohnungen und Haustechnik. Zusammen mit

den im zweiten und dritten Untergeschoß angeordneten Tiefgaragen und den komplizierten separaten Erschließungsanlagen entstehen so durchaus eigenständige neue Haustypen.

Leichter gefordert als realisiert war und ist die Vorgabe der Rekonstruktion der historischen Baufluchten, also des *Stadtgrundrisses*. Die Zerstörung des Stadtgrundrisses war bekanntlich in Ost und West nicht kriegsbedingt, sondern entsprang der Logik der Straßenplaner. Die systematische Zerstörung des Stadtgrundrisses hatte folgende Schwerpunkte:

- den Pariser Platz, der aufgrund seiner Lage im Grenzbereich von jeglicher Bebauung freigeräumt wurde;
- den Bereich um den Bahnhof Friedrichstraße mit dem markanten, aus der Straßenflucht zurückgesetzten, fünfundzwanziggeschossigen Bürohochhaus von 1976/78;
- die Kreuzung Friedrichstraße mit der Straße Unter den Linden mit einer Verbreiterung der Friedrichstraße auf 40 m. Diese Maßnahme folgte der 1961 im damaligen Ost-Berlin entwickelten Idee, die Friedrichstraße in voller Länge auf 40 m zu verbreitern und zur Fußgängerstraße auszubilden. Der Nord-Süd-Verkehr sollte über die Glinkastraße geführt werden. Die beiden Straßenverbreiterungen in der Glinkastraße bzw. in der Neustädtischen Kirchstraße sind auf diese Planung zurückzuführen;
- die ab 1972 auf 60 m verbreiterte Leipziger Straße, die mit den zweiundzwanzig- bis fünfundzwanziggeschossigen Hochhausbauten nicht nur den Maßstab der Friedrichstadt sprengt, sondern auch physisch und atmosphärisch den nördlichen Kernbereich der Stadt vom südlichen abtrennt und den früheren Spittelmarkt unter sich begraben hat;
- den durch den Bau von Mauer und Grenzanlagen nördlich der Zimmerstraße gänzlich freigelegten Übergangsbereich zwischen der älteren nördlichen und der jüngeren südlichen Friedrichstadt;
- das ehemalige Rondell (heute Mehringplatz) in seiner restlosen, auf Scharoun (1962) zurückgehenden, planerischen Zerstörung, einschließlich der Herausnahme der für die Gesamtstruktur der Friedrichstadt wichtigen Straßenzüge Linden- und Wilhelmstraße und der damit vollzogenen Zerstörung des um etwa 1730 entstandenen letzten Abschnitts der Friedrichstadt;
- den Leipziger Platz, den dasselbe Schicksal des Pariser Platzes ereilt hat.

Am erfolgreichsten gestalteten sich die theoretischen Überlegungen zur Rekonstruktion des Stadtgrundrisses am Pariser Platz sowie im Kreuzungsbereich Friedrichstraße/Unter den Linden. Die „Kritische Rekonstruktion" am Pariser Platz erfolgt parzellenweise. Den Rahmen für die Neubebauung regelt eine Gestaltungssatzung. Um das Raumgefühl der Dorotheenstadt wieder in Erinnerung zu rufen, wurde im Kreuzungsbereich Friedrichstraße/Unter den Linden eine Straßenbreite von 14 m zur Grundlage der privaten Bauprojekte gemacht. Beide Projekte (Steinebach & Weber und Christoph Mäckler) nördlich und südlich der Straße Unter den Linden erhalten eine 5 m bis 6 m breite, zweigeschoßhohe Arkarde zur Aufnahme der Fußgängerströme.
Für den Bereich um den Bahnhof Friedrichstraße hatte die Senatsbauverwaltung nach vorheriger Untersuchung ebenfalls ein Konzept der „Kritischen Rekonstruktion" vorgeschlagen. Die für die Stadtplanung zuständige Senatsverwaltung für Stadtentwicklung und Umweltschutz bestand jedoch darauf, für dieses Gebiet einen städtebaulichen Wettbewerb durchzuführen. Der Wettbewerb endete mit einem ersten Preis für das Berliner Architektenbüro Nalbach & Nalbach, die sich mehr oder weniger an den Vorgaben der „Kritischen Rekonstruktion" orientiert hatten. Dieses Ergebnis kann als ein Erfolg der sehr intensiv geführten verwaltungsinternen und öffentlichen Diskussion über den Umgang mit Nachkriegszerstörungen gewertet werden.
Schwierig gestaltete sich der Umgang mit dem Kreuzungsbereich Leipzigerstraße/Friedrichstraße. Dieser Bereich, der für die Wiederherstellung des nutzungsstrukturellen und sozialen Zusammenhangs von nördlicher und südlicher Friedrichstadt von gar nicht zu überschätzender Bedeutung ist, ist innerhalb des Berliner Senates zum Gegenstand einer verkehrspolitischen Grundsatzauseinandersetzung verkommen. Die SPD-geführte Senatsverwaltung für Bau- und Wohnungswesen setzte auf die Rekonstruktion des für den Zusammenhang der Friedrichstadt wichtigen Kreuzungsbereiches und schlug zur Aufnahme der Fußgängerströme auf der nördlichen Seite eine 6 m breite Arkade vor. Die CDU-geführte Senatsverwaltung für Verkehr und Betriebe schlug im Verbund mit dem Bundesverkehrsministerium eine Verbreiterung auf über 30 m vor. Hier half schließlich die permanente Intervention zweier Großinvestoren im Kreuzungsbereich (Architekten Thomas van den Valentyn und Meinhard von Gerkan), die mit ihren Projekten auf die Rekonstruktion des historischen Profils setzten. Im Juli 1993 hat der Senat endlich den Rückbau der Leipziger Straße, allerdings nur bis zur Charlottenstraße, beschlossen. Für eine weitere Rückbauentscheidung bis zum Spittelmarkt, für die Hans Kollhoff ein preisgekröntes Projekt vorgelegt hat, fehlte die politische Kraft.

Am Spittelmarkt selbst wird mit einem Gebäude, das von der Nutzung her das Thema Medienzentrum zum Ausdruck bringen soll, nach einem von Christoph Ingenhoven entworfenen Konzept der Versuch unternommen, dem für die Struktur der historischen Stadt zentralen Punkt des Spittelmarktes wieder eine Fassung zu geben.
Scheinbar ohne Schwierigkeiten vollzog sich auch die Rekonstruktion des Stadtgrundrisses im Bereich nördlich der Zimmerstraße. Hier waren die historischen Straßenprofile Grundlage des Bauwettbewerbs. Die vorliegenden Bauprojekte von David Childs (SOM), Philip Johnson, Jürgen Engel (Kraemer/ Sievers & Partner), Ulrike Lauber und Wolfram Wöhr, Gisela Glass und Günther Bender sowie Josef Paul Kleihues lassen allerdings die Grenzen der Methode deutlich werden. Für den Stadtgrundriß und für die politische Geschichte ist die Schnittstelle der rechteckigen, sich entlang der geschwungenen Mauerstraße verjüngenden Blockstruktur mit der Friedrichstadt-Erneuerung nach Süden von besonderer Bedeutung. Durch die Errichtung des alliierten Grenzkontrollpunktes Checkpoint Charlie, an dem sich 1961 amerikanische und sowjetische Panzer gegenüberstanden, wurde dieser Punkt zum Sinnbild des Kalten Krieges. Die Projekte werden den hohen Ansprüchen des Ortes und seiner Geschichte nur bedingt gerecht.
Zu den Projekten im ehemaligen Grenzbereich zählen schließlich zwei Projekte von Josef Paul Kleihues bzw. Aldo Rossi, die architektonisch den metropolitanen Geist der Friedrichstadt aufnehmen.

Von allergrößter Bedeutung für den praktischen Erfolg der „Kritischen Rekonstruktion" als Methode ist die Besinnung auf das *Haus auf einer eigenständigen Parzelle*. Diese theoretisch kaum bestrittene Forderung liegt offensichtlich quer zur ökonomischen Entwicklung, zur Konzentration des Immobilienkapitals, das danach drängt, Grundstücke zusammenzulegen, um möglichst einen ganzen Block zu planen.
Ein typisches Beispiel dafür bildet die Bebauung der drei Blöcke der sogenannten Friedrichstadt-Passagen. Sie steht zeitlich am Anfang der Arbeit der „Kritischen Rekonstruktion" der nördlichen Friedrichstadt. Die damaligen Auslobungsbedingungen eines Investorenauswahlverfahrens für diese drei Blöcke waren sehr grob, d. h. sie beschränkten sich auf die Einhaltung der Traufhöhe und der maximalen Firsthöhe und waren gekoppelt mit der Aufgabenstellung einer durchgehenden, parallel zur Friedrichstraße angelegten Passage, also einem aus heutiger Sicht falschen, weil die Bedeutung der Friedrichstraße schmälernden städtebaulichen Element. Die Wettbewerbsvorgaben enthielten zudem keine Zielvorstellungen zum Thema der Friedrichstädtischen Architektur. Auf der Grundlage dieser Vorgaben wurden sehr unter-

schiedliche, einen halben bis einen ganzen Block übergreifende Bauten entworfen: Jean Nouvel (Paris), der unter Bezugnahme auf die Moderne einen Blick in die Zukunft wagt, entwirft ein Geschäftshaus, das ganz auf die symbolische Wirkung des gläsernen Materials und auf die Qualität des Lichtes setzt. Ganz anders Oswald Mathias Ungers (Köln), der als deutscher Rationalist ein großstädtisches steinernes Haus in der Tradition der Friedrichstadt vorschlägt und, irgendwo dazwischen liegend mit einer amerikanischen Interpretation Friedrichstädtischer Architektur, die Amerikaner Pei, Cobb, Freed & Partner (New York). Nach intensiven Arbeitsgesprächen mit den Investoren und den Architekten in der Architekturwerkstatt ist es gelungen, das namengebende Element des Projektes, nämlich die Passage, auf das Untergeschoß zu begrenzen. Ein weitergehender Einfluß auf die Architektur war angesichts der auf bestimmte Grundhaltungen festgelegten Architekten weder sinnvoll noch möglich.
Aus diesen negativen Erfahrungen im Umgang mit den zentralen Elementen der „Kritischen Rekonstruktion" wurde leider nicht die Konsequenz gezogen, Grundstücke nur noch in kleinen Einheiten zu verkaufen. Schließt man Scheinlösungen aus, bleibt also nur die Möglichkeit, auf der Grundlage einheitlicher Besitzverhältnisse zu bauen. Es ist das Verdienst von Josef Paul Kleihues, der aus diesem Dilemma zuerst entwurfliche Konsequenzen gezogen hat. In zwei Blöcken entstehen unter Beteiligung weiterer geistesverwandter Architekten jeweils vier von der Nutzung und der Architektur durchaus selbständige Häuser. Sie werden als Ausdruck der Ökonomie allerdings durch ein gemeinsames Erschließungssystem sowie durch einen bewußt einheitlich gestalteten Hof zusammengehalten. In beiden Projekten (Hofgarten: hinzugezogene Architekten Jürgen Sawade, Max Dudler, Hans Kollhoff; Kontorhaus Mitte: hinzugezogene Architekten Klaus Theo Brenner, Vittorio Magnago Lampugnani, Walther Stepp) liefern die Architekten Beispiele sorgfältig komponierter steinerner Häuser mit individuell durchgestalteten Erdgeschoßzonen, Mittelzonen, Traufen, Staffelgeschossen und Dachbereichen. Mit dieser Kombination selbständiger Häuser innerhalb eines eigentumsrechtlich einheitlichen Blockes verbindet sich die Hoffnung, die Dialektik von Tradition und Innovation auf dem Gebiet von Städtebau und Architektur trotz hochkonzentrierter Grundbesitzverhältnisse wieder in Gang gesetzt zu haben. Aldo Rossis Masterplan für den Mauerblock Schützenstraße/Markgrafenstraße/Zimmerstraße/Charlottenstraße ist eine weitere Variante dieses Themas. Rossi nimmt die Figur des Blocks, die historischen Parzellen und die beiden bestehenden Gebäude zum Anlaß, die Collage einer städtischen Struktur mit zahlreichen Häusern

und Höfen in historisierender und moderner Architektursprache zu entwerfen. Der Block wird, so Rossi, „wie eine Gesamtheit von Fragmenten betrachtet, die gleichzeitig Fragmente der Vergangenheit und der Zukunft sind". Rossis Entwurf bringt schließlich Bewegung in das Thema Traufinie, die er bewußt unter-, aber an einigen Stellen auch überschreitet.
Auf der Grundlage der „Kritischen Rekonstruktion" entsteht so in der Friedrichstadt östlich und westlich der Friedrichstraße, eingezwängt in weitgehend monostrukturell genutzte Staats- und Kulturbauten, ein für das neue Berlin höchst attraktives Geschäftsviertel mit einer eigenständigen Qualität. Es zeichnet sich aus durch eine einmalige Mischung zeitgenössischer, in den meisten Fällen überdurchschnittlich guter Architektur der neunziger Jahre, der IBA-Bauten in der südlichen Friedrichstadt aus den achtziger Jahren und einiger Reste der Vormoderne und der Moderne von Alfred Messel, Wilhelm Cremer & Richard Wolffenstein, Hermann Muthesius, Bruno Paul und anderen. Zusammen mit den Resten der untergegangenen Plattenbau-Periode der DDR wird dies der Ort der mittleren und höheren Angestellten aus den Ministerien, den Verbandsetagen, der Lobbyisten der Banken und Versicherungen, der Parteien, der Museen und Universitätsinstitute.

Im Grundsatz hat sich die Methode der „Kritischen Rekonstruktion" als Fundament für die praktische Suche zur Weiterentwicklung des Berliner Geschäftshauses sowie zur Neuinterpretation großstädtischer Berliner Architektur bewährt. Und wenn man es nicht schon vorher gewußt hat, so weiß man es spätestens seit dem Experiment der letzten drei Jahre: Mit einem städtebaulichen Konzept läßt sich die Konzentration des Immobilienkapitals, d.h. die Tendenz zu möglichst großen und rational nutzbaren Grundstücken nur marginal beeinflussen. Immerhin hat das Insistieren auf die Themenstellung des Geschäftshausbaues auf eigener Parzelle im Block in einigen Beispielen zu einem neuen Typus selbständiger Häuser mit gemeinsamer Erschließung und Hofnutzung geführt. Allerdings ist nicht erkennbar, daß dieses Beispiel Schule macht. Problematisch bleibt auch die praktische Durchsetzung und langfristige Sicherung des zwanzigprozentigen Wohnanteils. Abgesehen davon, daß dieser Anteil für eine urbane Mischung aus heutiger Sicht zu gering erscheint und außerdem das Ziel in mehreren Projekten nicht erreicht werden konnte, besteht ohne planungsrechtliche Absicherung immer die Gefahr der Umwandlung der Wohnungen in Büros. Notwendig wäre also, die Strategie der „Kritischen Rekonstruktion" um planungsrechtliche Absicherungen in Form von Bebauungsplänen oder Erhaltungssatzungen zu ergänzen. Im Bereich des Pariser Platzes hat die Senatsbauverwaltung aus diesen schlechten Erfahrungen Konsequenzen gezogen. Sie wird einen Bebauungsplan samt einer darin enthaltenen Gestaltungssatzung zur Festsetzung bringen. Ähnlich negativ bewertet werden muß die Durchsetzung der Forderung nach Erhalt der vorhandenen Bausubstanz, soweit sie vor 1945 errichtet wurde. Die praktische Erfahrung hat immer mehr gezeigt, daß Absichtserklärungen von Bauherren und Architekten im ökonomisch begründeten Konfliktfall nicht viel wert sind, wenn ein Gebäude nicht rechtskräftig unter Denkmalschutz steht. Abhilfe schafft auch hier nur eine entsprechende Erhaltungssatzung, die zwar als Entwurf des Bezirksamtes „Mitte" vorliegt, aber von der Senatsverwaltung für Stadtentwicklung und Umweltschutz leider nicht festgesetzt wird.

Allen Beteiligten und Kritikern sollte schließlich bewußt sein, daß sich soziales urbanes Leben und Atmosphäre nicht planen lassen. Durch architektonische und städtebauliche Maßnahmen werden lediglich die Voraussetzungen dafür geschaffen. Noch liegt die Friedrichstadt im Staub der Baufahrzeuge. Mit der derzeitigen Landschaft aus Baugruben und Baukränen, wenigen Nobelläden, billigen Touristenshops neben erstklassigen Hotels, eingerüsteten Universitätsbauten und aufgebrochenen Straßen spiegelt die Friedrichstraße heute, besser als jeder andere Ort in Berlin, den ambivalenten Zustand der Werkstatt Berlin wider.

Dieter Hoffmann-Axthelm

Kritische Rekonstruktion – Kritik der Praxis

Im folgenden soll versucht werden, eine interne Diskussion zum Thema der „Kritischen Rekonstruktion" zu eröffnen. Ansätze dazu gab es schon während der Erarbeitung der Strukturplanung Friedrichstadt, Dorotheenstadt und Friedrichswerder. Es geht nicht darum, Ideologiekritik im Sinne von „reiner Lehre gegen die reale Praxis" zu betreiben – das nützt keinem, weil der, der die reine Lehre hochhält, dann doch immer recht behält. Das Problem lautet eher umgekehrt: Welche Lehre hat in der Realität Überlebenschancen? Wenn man in einem schwierigen Feld Bedingungen formulieren muß, unter denen man seine Ziele durchsetzt, wie muß man dann die Spielregeln formulieren? Dies ist der Kern der Diskussion und teilweise auch des Dissenses.

Dabei kann die Diskussion ohnehin nur unter der Hypothek laufen, daß von Anfang an für das Projekt „Kritische Rekonstruktion" die politische Unterstützung fehlte. Das ist in der Formulierung der genannten Strukturplanung auch an etlichen Einzelheiten deutlich geworden, indem bestimmte Konsequenzen nicht auf das Papier durften – wie das so üblich ist.

Wie definiert man unter diesen extrem schwierigen Bedingungen die Aufgabe? Wenn man für die gesamte Bandbreite der Ziele keine politische Unterstützung hat, muß man sich die Unterstützung bei Bauherren und Architekten suchen, oder – und möglichst beides – bei der Öffentlichkeit; das sind weite Wege, die meistens – wenn sie gegangen werden – erst lange nach Fertigstellung der Bauprojekte zu irgendwelchen Zielen führen.

Wenn man einen Blick auf das neue städtebauliche Modell wirft, das im Maßstab 1:500 die Planungen für Berlin darstellt, sieht man deutlich, daß das Entgleisen des Prozesses der „kritischen Rekonstruktion" längst stattgefunden hat. Doch ist ein Maßstabssprung von vornherein in der politischen Absicht gewesen. Dieser Maßstabssprung ist nachträglich mit Spielregeln wie 22 m bzw. 30 m Traufhöhe etwas aufgefangen worden. Der Maßstabssprung bezieht sich jedoch nicht nur auf die Höhe, sondern vor allem auf die Praxis, die vergebenen Grundstücke so groß wie möglich zu machen. Diese Praxis ist in der Politik sehr stark verankert und wird im Investitionsförderungsgesetz auch ausdrücklich gefordert. Geringster Druck seitens der Investoren genügt, um mögliche Kleinteiligkeiten in der Stadt, zum Beispiel erhaltene Parzellen mit verschiedenen Eigentümern, zu beseitigen.

Man muß in dieser Situation klar sagen, was man unter dem Begriff „Kritische Rekonstruktion" versteht und was man davon für umsetzbar hält. Für mich bedeutet „Kritische Rekonstruktion" – in drei Punkten formuliert – folgendes:
Erstens ist darunter ein Projekt zu verstehen, das sich nur auf den sehr kleinen Bereich „Berliner Innenstadt" konzentriert. Es kann sich nur auf einen Stadtbereich beziehen, der für die Gesamtstadt Berlin so bedeutsam ist, daß die Anstrengung der „Lesbarerhaltung" von Stadtgeschichte und historischer Stadtgestalt unternommen werden muß. Was man hier diskutiert, kann per Definition nicht auf andere Bereiche übertragen werden. Es wird hier keine Diskussion geführt, wie heute zu bauen ist, sondern wie in einer Großstadt, die einen historischen Mittelpunkt braucht, gebaut werden soll. Wie man sich in Gebieten der Stadterweiterung, in den unendlich vielen Flächen der Siedlungserweiterung der zwanziger, dreißiger, fünfziger und sechziger Jahre verhält, ist damit in keiner Weise vorherbestimmt. Dort müssen andere Methoden gefunden werden. Die Haltung, mit der oft diskutiert wird, als werde damit dem schöpferischen Entwerfen Abbruch getan, ist albern; das Problem ist jedoch, daß sich neunzig Prozent aller Aufmerksamkeit, allen Ehrgeizes und aller ökonomischen Ressourcen auf diese zehn Prozent des Innenstadtbereichs stürzen und offensichtlich hier im historischen – im Grunde genommen abgehefteten – Bereich der Fortschritt der Architektur noch einmal durchexerziert werden soll.
Das Problem ist, zweitens, ein planerisches Problem. Es geht nicht um die Frage, in welchem Stil wir bauen sollen, sondern um ein Stück Sozialplanung: Für eine 3,5- und „Möchtegern"-4-Millionen-Stadt ist es überlebenswichtig, daß sie einen klar lesbaren historischen Kern und Ausgangspunkt hat. Das ist keine ästhetische Ebene; deshalb sind die weiteren Folgerungen, die ich ziehe, planerischer Natur. Für mich kommt es bei der „Kritischen Rekonstruktion" weiter darauf an, daß über dieses Instrument einer Lesbarkeit der historischen Stadt auch eine Antwort auf die Frage gegeben wird: Wie baut man heute eine Stadt (und nicht: Wie macht man heute Architektur?)? Die Hauptverkehrsstraße Leipziger Straße wieder auf die alte Breite von 22 m zurückzubringen, bedeutet nicht, aus historischem Heimweh wieder die alte und ziemlich opulente Straßenflucht herzustellen. Die Pariser beispielsweise können über unsere Probleme nur lachen. Wenn man sich den Durchgangsverkehr im Quartier Latin oder anderen Vierteln des Pariser Innenstadtkerns ansieht, findet man dort nur selten so breite Straßen.

Wo liegen unsere Prioritäten? Wird die Stadt für den Verkehr gebaut, oder wird sie für eine Nutzung gebaut, die sich von dem Projekt der Moderne: „Stadt = Erreichbarkeit durch Verkehr" verabschiedet, zugunsten von anderen Verkehrsmitteln? Dies ist kein Weg zurück. Der Zustand von 1900 ist nur ein Beispiel dafür, daß die Nutzungsdichte, die damals weit höher war, als sie jemals wieder sein wird, mit den damaligen Mitteln – Straßenbahn, U-Bahn, Droschken usw. – ohne weiteres bewältigt werden konnte. Das ist ein Thema, das unweigerlich auf uns zukommt: Die eigentlichen Dinosaurier sind diejenigen, die heute noch meinen, man muß eine Stadt mit Schnellstraßen durchpflügen. Jeder weiß, daß dies keine Zukunft hat. Es ist nur eine Frage von wenigen Jahren, bis es in Europa keine Stadt mehr gibt, in der man noch in der Innenstadt mit dem Auto fährt.

Ebenso ist das Problem Leipziger Straße auf der politisch-kulturellen Ebene kein ästhetisches Problem. Der Zusammenhang des Blockrasters der Friedrichstadt und seine Erkennbarkeit sind vor allem auch ein Stück Zusammenwachsen von West- und Ost-Berlin. Die Leipziger Straße, wie sie heute besteht, ist das Ergebnis einer Grenzaktion von allen Seiten. Dort erfolgte ein Denken und Planen nach Manier des Kalten Krieges, wo man sich gegenseitig mit Architekturmanifesten den Horizont zustellte und Türme baute. Von daher ist die Abarbeitung dieses Themas auch eine Abarbeitung des Themas „Mauer – Deutsche Teilung".

Drittens, es wird in unserer Gesellschaft im Feuilleton sehr heftig darüber geredet, wie diese Gesellschaft auseinanderläuft – die „Zweidrittelgesellschaft", die Nichtintegrierbarkeit von Jugendlichen und Ausländern. Diese Erkenntnis, daß ein Drittel der Gesellschaft – und bald werden es mehr sein – nicht in die normale Gesellschaft hineingelassen wird und nicht hineinpaßt, hat stadtplanerische Konsequenzen. Das Herausdrängen findet in der Stadtplanung seine Realität in dem Druck, überall in Europa die Innenstädte zu bereinigen. Am dramatischsten ist dieser Prozeß in Paris zu beobachten gewesen. Dort ist in den letzten zwanzig Jahren die gesamte innerstädtische Bevölkerung ausgewechselt worden. Man wird heute Mühe haben, in Paris noch eine Arbeiterfamilie zu finden, es sei denn bei den wenigen Dynastien von Sozialwohnungsbesitzern, die sich dort noch halten können. Diese dramatische soziale Umpolung wird in Berlin nachgeholt.

Was hier vor sich geht, ist ein gesellschaftspolitischer Wahnsinn. Es ist wie das Starten einer Atombombe. Es wird blindlings nur am kurzfristigen ökonomischen Nutzen orientiert. Die Politik hat weder die Einsicht noch den Willen, den Investoren auch nur ein Minimum an

Weitsicht abzufordern. Die Investoren würden dieses Minimum durchaus tragen, wenn man es ihnen nur deutlich sagen würde, d.h. wenn die Politik sich dahinterstellte, statt die Problemlast bei Leuten zu belassen, die eigenwillig über Stadtästhetik zu befinden haben. Das Problem dürfte nicht im Feuilleton abgehandelt werden, sondern es müßte über das Baurecht vorangebracht werden.

Das Vollaufen der Berliner Innenstadt mit Bürogebäuden stellt keine ästhetische Katastrophe dar, sondern die Katastrophe einer Umfunktionierung der gesamten Innenstadt. „Zu viel Masse" bedeutet nicht „ästhetisch zu viel Masse", sondern es bedeutet eine monofunktionale Umnutzung. Monotonie und Homogenisierung sind keine ästhetischen Kategorien, sondern wir erleben vor allem eine Homogenisierung der Nutzung, die dann durchschlägt auf die ästhetische Qualität. Wie man an den bisherigen Wettbewerben sieht, bringt die Nutzungshomogenität jeden Architekten und jede Architektur zur Strecke. Modell für Modell läßt sich an jedem bisherigen Wettbewerb zeigen, daß unter ästhetischen Gesichtspunkten – im Sinne des Herangehens an Architektur mit Qualitätsansprüchen – alle, auch die besten Architekten, dort einbrechen. Teilweise sind die Einbrüche so massiv, daß man sich bei vielen Wettbewerben schämen müßte. „Kritische Rekonstruktion" beinhaltet hier die Idee, eine Stadt zu konstruieren, die lebbar wäre für mehr als Büronutzung, Kaufhaus und teure Kettenläden.

Von daher ist die Frage, was die Architektur dort macht, relativ gleichgültig, genauer gesagt ist sie nur einem ganz bestimmten Bereich angemessen. Es gibt z.B. einige Blöcke hinter der Straße Unter den Linden. Dort wurde 1900, in der Krise der Architektur, das ganze Problem schon einmal durchexerziert – daher kommen die Maße 22 m, 28 m, 30 m Höhe. Sie stellen praktisch den Kompromiß von 1900 dar. Aufgrund dessen haben wir dort Bereiche, wo man sich anders verhalten muß, wo so etwas wie Denkmalpflege, Sich-Anpassen im historischen Umfeld, stattfindet. Dort kann man – und muß man auch – allein aufgrund der vorhandenen Substanz und eines Instruments wie des Lindenstatuts über historisch angepaßte, über Berlinische oder ortsspezifische Architektur reden.

Das gilt aber nicht für den Gesamtbereich der Friedrichstadt, sondern hier geht es generell um die Frage: Was entsteht planerisch an Qualität? Gibt es eine bestimmte Kleingliederung und Nutzungsmischung, oder gibt es sie nicht? Eine „Kritische Rekonstruktion", die diese Nutzungsmischung nicht herstellen kann – und der Nutzungsstrukturplan, den ich zusammen mit Bernhard Strecker erarbeitet habe, kann natürlich auch nur die Umrisse zeigen –, sollte sich abmel-

den. Es geht bei der „Kritischen Rekonstruktion" gerade und primär um die Nutzungsmischung, deshalb um die Parzelle, um den Block, um Straßen und Plätze. Danach, ob diese primären Strukturmomente gesichert werden können, muß das ganze Unternehmen beurteilt werden. Das heißt, es geht um Struktur und nicht um Gestalt. Wenn man das Thema Gestalt zum Vehikel nimmt, kann man bald nicht mehr deutlich sagen, was am Anfang eigentlich beabsichtigt war. Gestalt – das ästhetische Thema, daß ein Haus wie ein Haus aussieht, daß ein Block wie ein Block aussieht, die Höhe – zentriert auf Dinge, die zuviel Kraft auf eine falsche Fährte locken. Mir wäre sehr viel mehr Unordnung in der Architektur lieber, wenn dadurch ein Minimum an Strukturdifferenz hineinkäme. Dies erreicht man natürlich nicht, indem man in der Gestaltfrage die Zügel locker läßt. Aber durch das Thema „Traufhöhe" gehen Kräfte verloren, die man anderswo besser einsetzen könnte, und in dieser Auseinandersetzung wird jedes bißchen Kraft gebraucht, wenn etwas von der Berliner Innenstadt übrig bleiben soll.
Zusamengefaßt gesagt geht es zentral um Strukturformen: Block, Straßen, Platz, Parzelle, die sich jeweils unter dem Aspekt „privat–öffentlich" formulieren. Sie bieten eine Möglichkeit, in Nutzungsmischungen zu denken und ein Instrumentarium zu schaffen, mit dem man unterschiedliche Formen von Nutzungsmischung festschreiben kann – ebenso, wie man auch festschreiben kann, wieviel öffentliche Fläche, wieviel Grün, wieviel Infrastruktur enthalten sein muß. In dem Moment, wo man die Gebiete auseinandernimmt, wo man kleinere Segmente schafft, kann man Dinge an einer Stelle tun und an anderer Stelle lassen.
Damit kann man auch eine zeitliche Entwicklung einbeziehen, die bisher im Modell nicht vorkommt. Die zeitliche Entwicklung ist unsere eigentliche Ressource. Es wäre theoretisch möglich, zu schrittweisen Bebauungen der Innenstadt zu kommen und damit eine Entwicklungsmöglichkeit überhaupt erst freizusetzen. Denn eine Entwicklung kann nur dann stattfinden, wenn nicht alles auf einmal gebaut wird, sondern wenn es ein Minimum an „Nachhinein" gibt. Wenn derzeit eine Hoffnung darauf besteht, dann nur diese, daß die Krise schneller ist als ein großer Teil der Bauherren und daß dadurch – von außen also – dort, wo die Politik versagt, durch ökonomischen Zwang jener Spielraum an Zeit hineingebracht wird, ohne den eine Entwicklung zur Wiedererkennbarkeit der Stadt nicht möglich ist.
Zeit ist genau der Gegenpunkt zu Gestalt, weil dieses Nacheinander per Definition nicht auf einmal fertig sein kann, sondern ein Weiterrei-

chen von „Zeitschnitten", von verschiedenen Problemebenen, von unterschiedlichen Situationen erzwingt.

Mit vier Plänen möchte ich den Weg andeuten, den man vorher – und parallel dazu – gehen muß, damit eine Entwicklung in der Zeit greift.

Der erste Plan ist schlichte Heimatkunde. Er stellt den Versuch dar, unter Berücksichtigung der historischen Kenntnis, der heutigen Investitionsschwerpunkte, der Erfahrungen in der Stadtteilarbeit sowie mit etwas Blick in die Zukunft, im Ring von 1735 – also innerhalb der ehemaligen Zollmauer – selbständige Einheiten in der Innenstadt zu formulieren. Diese Einheiten könnten eine Basis zur Orientierung für diejenigen sein, die dort tätig sind: Wo bin ich? Mit welchen Problemen beschäftige ich mich? Mit welchem Nutzungsprofil habe ich zu tun? Welche Geschichte wird berührt? Welche Identität könnte ich ausbilden? Woran habe ich teil? Mit wem sitze ich an einem Tisch? Es ist ein rein kulturelles Konzept einer Stadt, die aus verschiedenen Orten besteht – etwas, was überall selbstverständlich ist, was aber in Berlin aufgrund der historischen Sondersituation nicht bzw. nur in kleinen Ansätzen existiert.

Der zweite Plan gehört ebenfalls zur Heimatkunde. Er stellt den mittelalterlichen Altstadtkern dar. Dieser Altstadtkern kann in den nächsten hundert Jahren gefüllt werden, ist aber planerisch erst einmal eine „Black Box". Von dort ausgehend gibt es entscheidende Schaltstellen: Spittelmarkt auf der einen Seite und Alexanderplatz auf der anderen Seite. Von dort aus entwickelt sich auch das übrige Geflecht der historischen Vorstädte, so daß die Grundlinien deutlich werden. Das heißt, es sind Grundlinien erkennbar, die die gesamte historische Innenstadt lesbar machen. Diese Grundlinien lesbar zu erhalten, ist die wichtigste Aufgabe der „Kritischen Rekonstruktion".

Der dritte Plan stellt im engeren Bereich Friedrichstadt das Thema „Zusammenwachsen" heraus. Die Verletzungen städtebaulicher Art infolge der inneren Vermauerung der Stadt von beiden Seiten aus formulieren eine Aufgabe: die Wiederzugänglichmachung der Stadt als ein Projekt, das sich an der städtebaulichen Moderne, die beidseitig der Mauer konzentriert liegt, abzuarbeiten hat. Diese Aufgabe stellt ein Stück Kultur, ein Stück Wiederaneignung der Geschichte der Stadt dar. Am Checkpoint Charlie zum Beispiel besteht diese Aufgabe nicht darin, das Image „Checkpoint – Grenze" abzuarbeiten, sondern tatsächlich das historische Phänomen „Zerstörung – Grenze – Teilung – Manifestation und Betonierung der Teilung" zu bearbeiten.

Die vierte Zeichnung zeigt die Gründungspläne der einzelnen neuen Städte des achtzehnten Jahrhunderts. Sie zeigt die Vielfalt von Strukturen innerhalb des Rasters, und sie zeigt, was innerhalb dieses historischen Ansatzes bereits an Brüchen, an Ungleichzeitigkeiten mitgegeben ist. Dies kann durch das genannte Bild einer Stadt mit Traufhöhe überhaupt nicht eingefangen werden. Es wäre erst wiederzufinden, wenn man die Möglichkeit hätte, mit kleineren Einheiten zu arbeiten, als sie zum Beispiel an der Ecke Unter den Linden/Friedrichstraße angeboten werden.

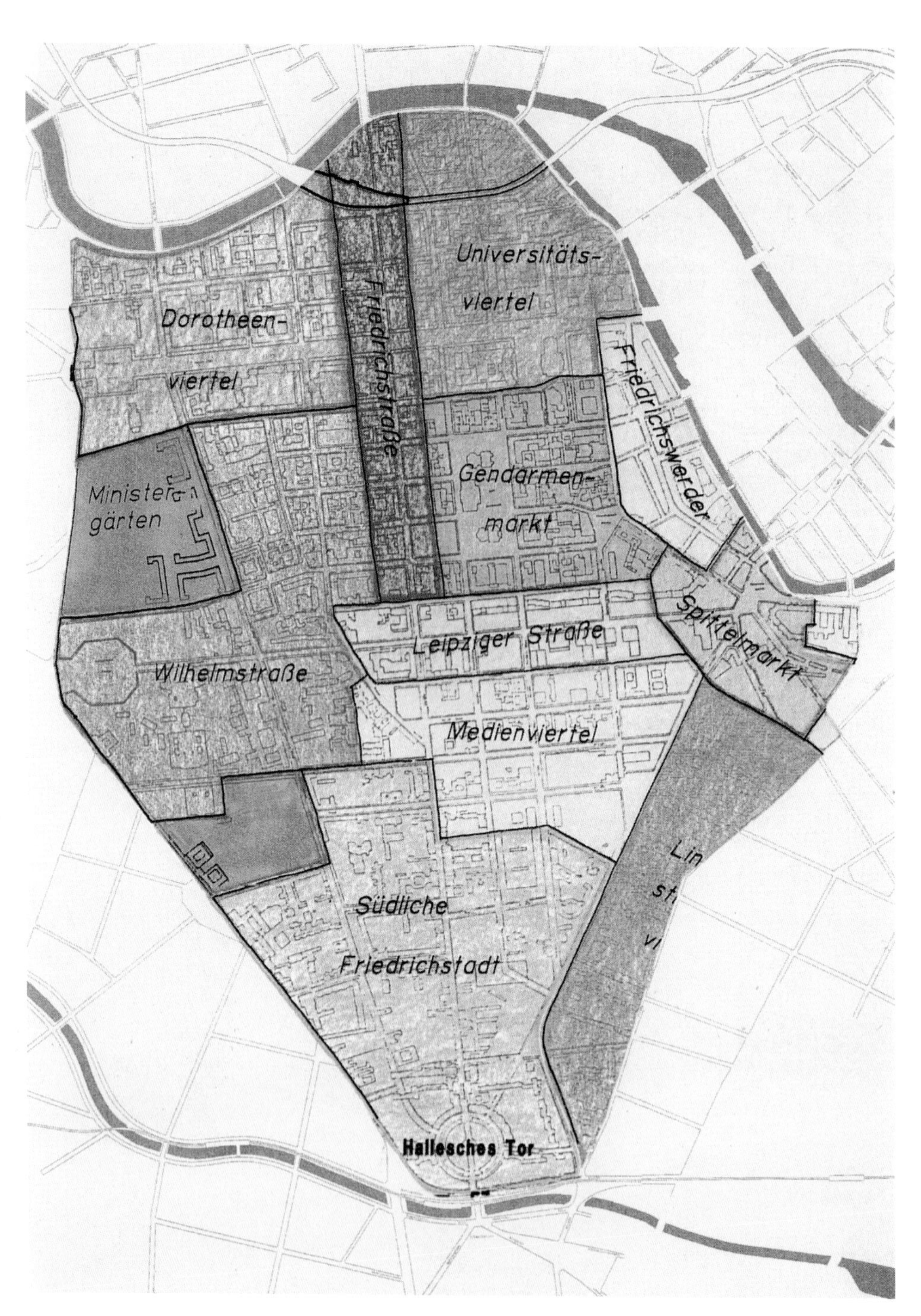
Universitäts-
viertel
Friedrichstraße
Dorotheen-
viertel
Friedrichswerder
Gendarmen-
markt
Minister-
gärten
Spittelmarkt
Leipziger Straße
Wilhelmstraße
Medienviertel
Südliche
Friedrichstadt
Hallesches Tor

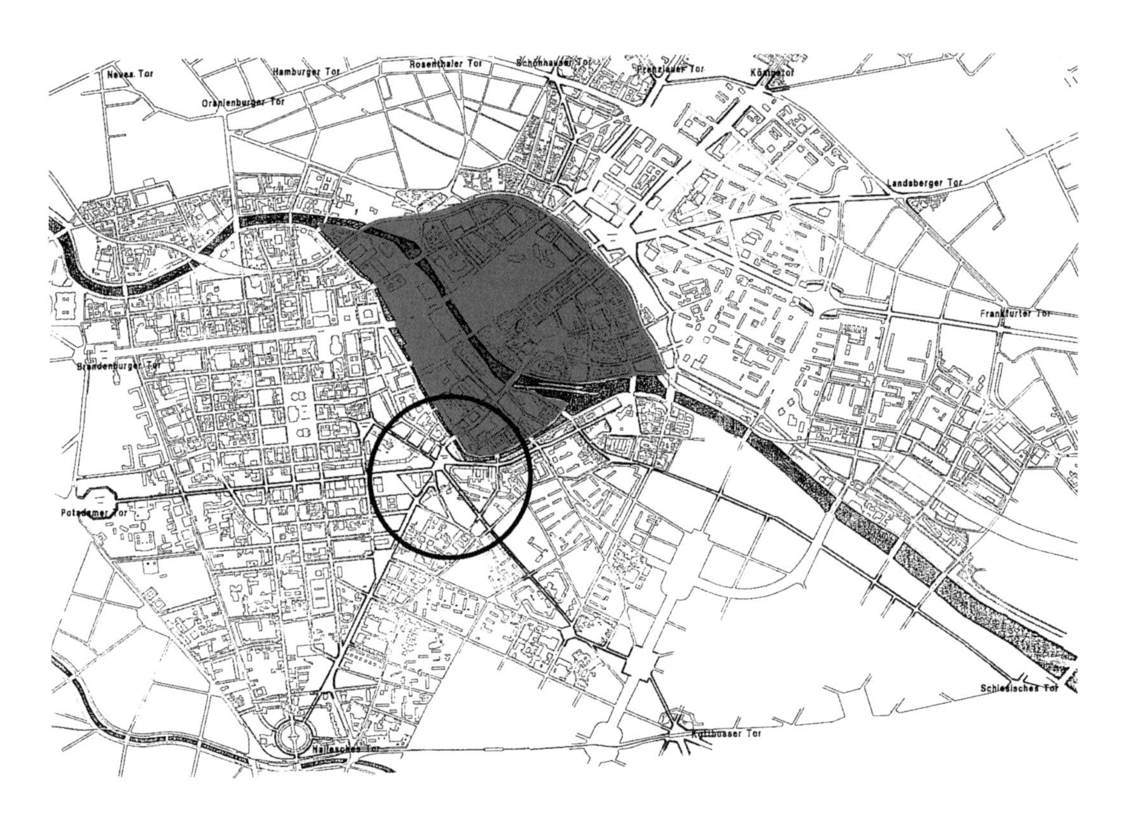

Altstadtkern und Grundlinien der historischen Vorstädte, ausstrahlend von Alexanderplatz und Spittelmarkt.

Stadtteileinheiten des Nutzungsstrukturplans, 1992.

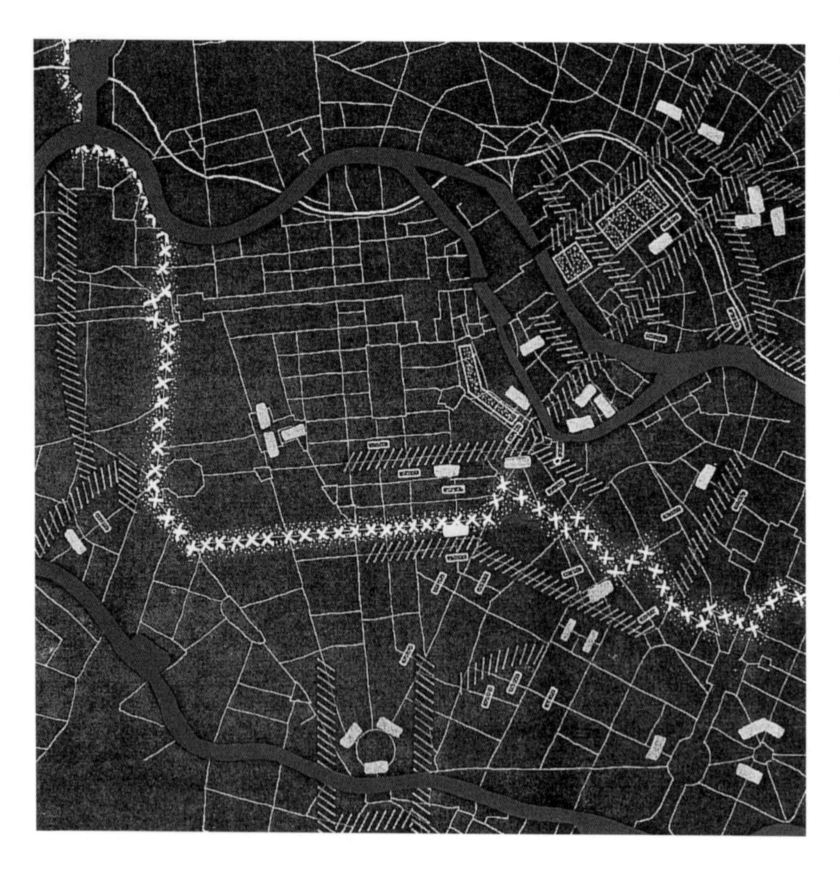

Berliner Mauer

Durchbruchtrassen

Vermauerung des Netzes durch Gebäude

Zerschneidung des Netzes durch Aufhebung vom Straßenland

Störungen im Stadtgrundriß als Folge des Mauerbaus.

Friedrichswerder

Dorotheenstraße

ältere Friedrichstadt

jüngere Friedrichstadt

Gründungspläne der barocken Stadterweiterung.

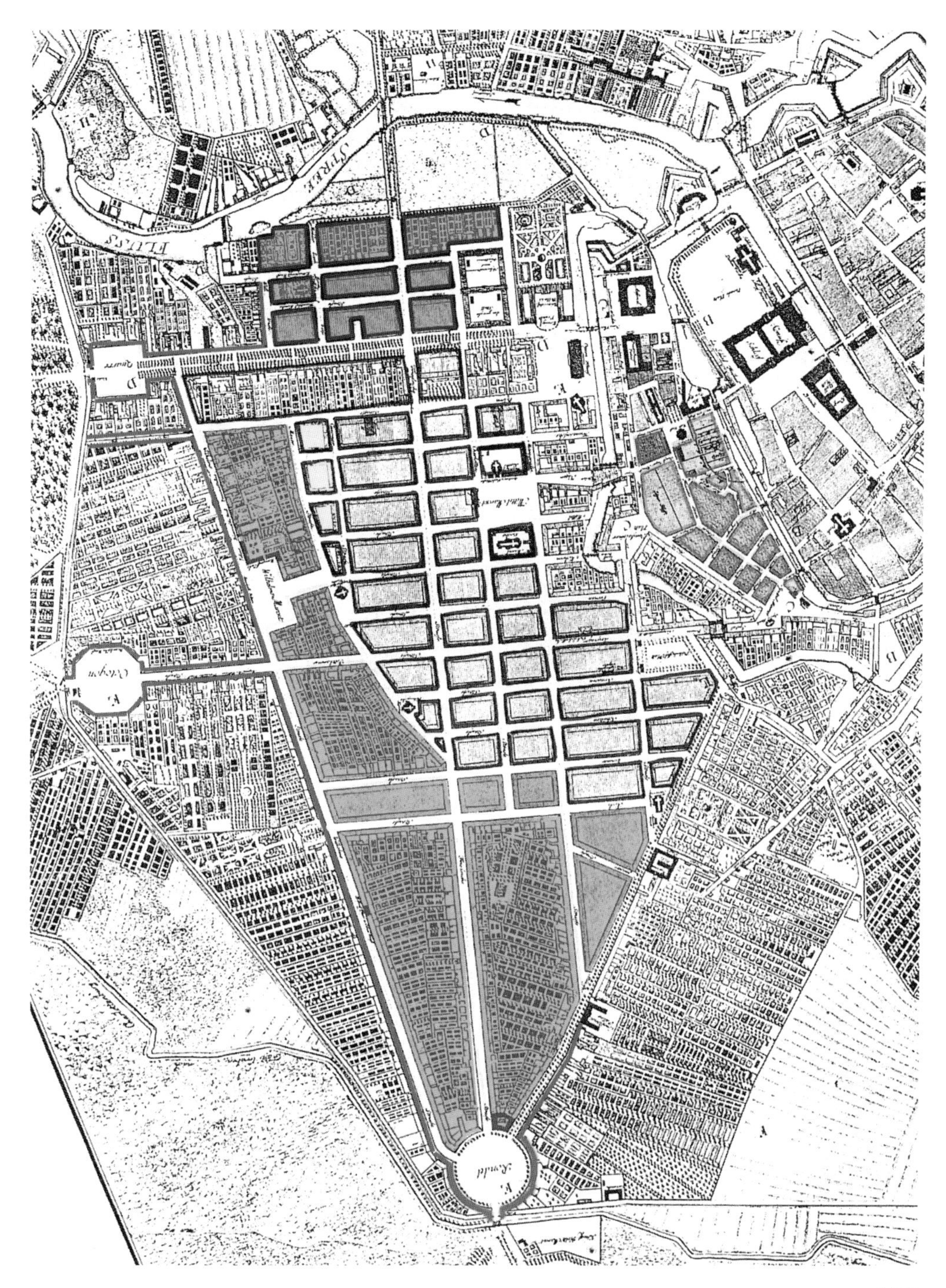

Franco Stella

City und Peripherie

Wie kaum eine andere europäische Stadt kann Berlin als „steinernes Lehrbuch" der Architektur für die Debatte über die Neue Wohnstadt des zwanzigsten Jahrhunderts gelten. Der Metropole der hundert Städte sind alle wichtigen Aspekte dieser Debatte klar eingeschrieben.

Für die heute zu bewältigenden Aufgaben scheint es von besonderem Interesse, über den Wandel der verschiedenen Leitbilder der Neuen Wohnstadt im Zusammenhang mit der Idee von Großstadt nachzudenken.

Anfang des Jahrhunderts entwickelte sich das Mietwohnhaus, dessen Planung und Errichtung zu dieser Zeit noch fast ausschließlich in der Hand von Bauunternehmern und Maurermeistern lag, zum Hauptthema sowohl der Reform der vorhandenen Großstadt als auch der Suche nach einer alternativen Neuen Stadt. Vor dem Ersten Weltkrieg zeigten die Blöcke von Alfed Messel, Albert Gessner oder Paul Mebes und die viel umfangreicheren Bebauungspläne von Hermann Jansen oder Bruno Möhring eine mögliche Versöhnung des reformierten Mietwohnhauses mit einer traditionellen Großstadterweiterung auf. Die Erweiterung konnte hier weiterhin auf einer Stadtstruktur mit großartigen Boulevards und Platzfolgen aufgebaut werden, während gleichzeitig die „inhumane" Mietskaserne verschwinden sollte, hinter deren prätentiösen Fassadenkulissen an den Straßenfluchten das Elend der dramatisch überbelegten Wohnungen um die engen Hinterhöfe versteckt lag. Aus hygienischen, moralischen und ästhetischen Gründen wurde im Blockinneren die dichte Bebauung durch sorgfältig gestaltete Gärten, kleine Plätze, Durchwegungen und niedrige Bauten mit sozialen Einrichtungen ersetzt.

Mehrere Vorschläge setzten sich mit der Frage der Blockarchitektur auseinander, darunter die Entwürfe von Gessner und Mebes, die besonders klar auf die permanente Dialektik zwischen einer romantisch-individualistischen und einer klassisch-rationalistischen Tendenz hinweisen. Albert Gessner strebte nach „heimischen" Empfindungen und befürwortete das „malerische Prinzip": Durch eine geschickt ausgearbeitete „Mannigfaltigkeit" gewannen seine Blöcke den Ton von Landhäusern oder auch die Atmosphäre mittelalterlicher Straßenzüge. Paul Mebes hingegen suchte am Vorbild der Architektur *Um 1800* Bilder einer würdigen Normalität im Charakter von „Bescheidenheit, Sachlichkeit und Schönheit", wie er sie in den Bauten oft unbekannter

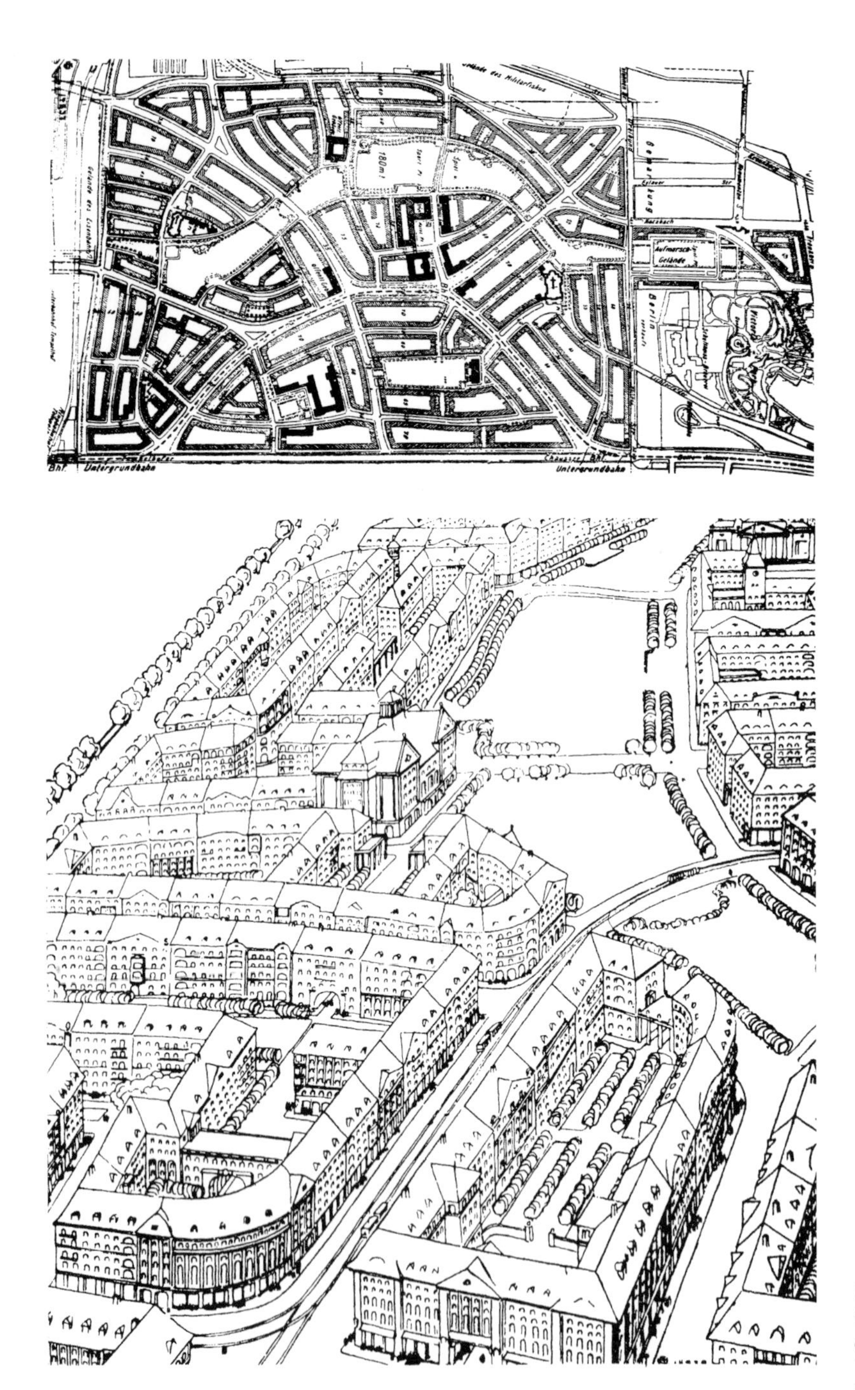

Hermann Jansen, Bebauungsplan für das Tempelhofer Feld, 1911. Gesamtanlage (oben) und Parkgürtel (unten).

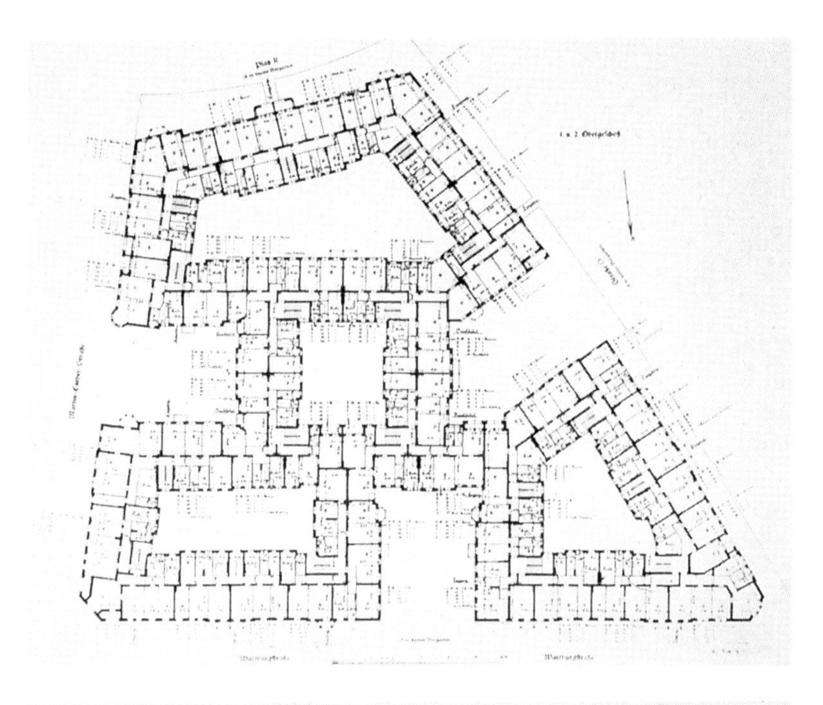

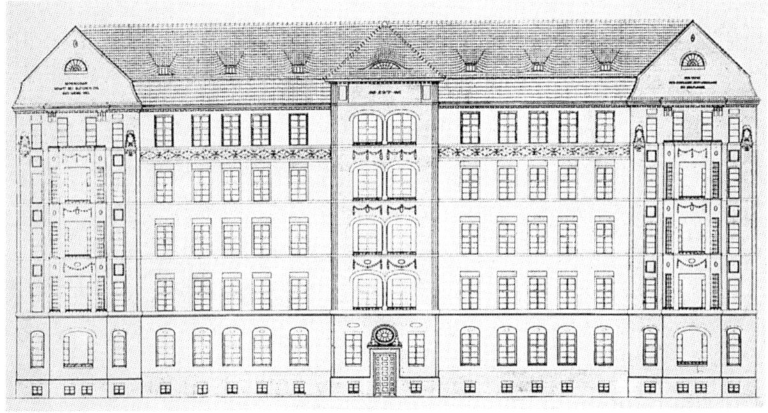

Paul Mebes, Wohnanlage in Schöneberg, 1906–1907. Grundriß und Fassade zum Rathausplatz.

Architekten aus der Generation von David Gilly und Friedrich Weinbrenner fand.
Vier Jahrzente lang zeugen Siedlungen mit kleinen Mietwohnhäusern von dem Streben nach einer eigenständigen, von der umliegenden Metropole getrennten „Heimat einer Gemeinschaft", deren ideale Größe bei ungefähr 5 000 Einwohnern liegen sollte.
In der anfänglichen Selbstdarstellung wie auch in der heute noch überwiegenden Interpretation wird die Kontinuität der städtebaulichen und architektonischen Leitbilder der fünfziger Jahre mit denen der zwanziger Jahre hervorgehoben. Wir wollen dagegen auf ihre wesentlichen Unterschiede hinweisen.
Hinsichtlich der Innenstadt beschränke ich mich dabei auf die Bemerkung, daß deren Umgestaltung zu einer zeitgemäßen City in den zwanziger Jahren als Laboratorium einer spezifischen Großstadtarchitektur verstanden wurde, die sich der Morphologie des Ortes und dem Ausdruck der jeweiligen Funktionen verpflichtet fühlte. In der Nachkriegszeit dagegen präsentierte sich derselbe Zusammenhang zwischen Innenstadt und Geschäftsstadt in Form von Bauten und „autogerechten" Freiflächen, die sich meist nur durch ihre Dimensionen von den Neubaugebieten am Stadtrand abhoben.
Für die Peripherie sind die kulturellen und materiellen Unterschiede in den Standpunkten keineswegs geringer. Ähnlich wie die „garden city" hatte die Siedlung Vorbilder in der Stadt der Vergangenheit, vor allem des Mittelalters gefunden, Vorbilder für die architektonische Darstellung der Einzigartigkeit ihres sozialen und ideologischen Programms: Die höhere umfassende Bebauung deutet eine Stadtmauer an, die Eingänge sind nach Art von Stadttoren gestaltet, der mittlere Ort wird als Piazza angelegt, und die inneren Straßen erscheinen als malerische Gassen. Als gegen Ende der zwanziger Jahre die konsequente Anwendung von Kriterien wie Wirtschaftlichkeit und „hygienischer" Wohnstandard andere Ansprüche in Vergessenheit geraten ließen, führte dies zu einer uniformen Objektivierung im Siedlungsbau. Kleinere Realisierungen und große Entwürfe der „letzten Stunde" zeigen ähnliche Zeilenbauten mittlerer Höhe, parallel zueinander und orthogonal zu den Straßen geordnet. Man könnte die Siedlung gegen Ende der Weimarer Republik als „anonyme Stadt" bezeichnen.

Die Entwicklung des Siedlungsbaus der fünfziger Jahre hat einen entgegengesetzten Verlauf genommen. Weit entfernt von der Lehre der historischen Stadt und der Siedlung der zwanziger Jahre, wurde ihre Identität als Heimat einer immer unwahrscheinlicher gewordenen

Oben:
Wohngebiet in Spandau von Erich Glas (Bauteil I), 1926–1929. Cäciliengärten von Heinrich Lassen (Bauteile I1, I2, IIa, Übernahme des Planes von P. Wolf), 1924–1928, und Paul Mebes & Paul Emmerich (Bauteile IIb 1,2,3), 1927–1928.

Unten:
Wettbewerb Reichsforschungssiedlung Haselhorst, 1928, Entwürfe von Otto Haesler (Dritter Preis) und Walter Gropius, Variante „A" (Erster Preis).

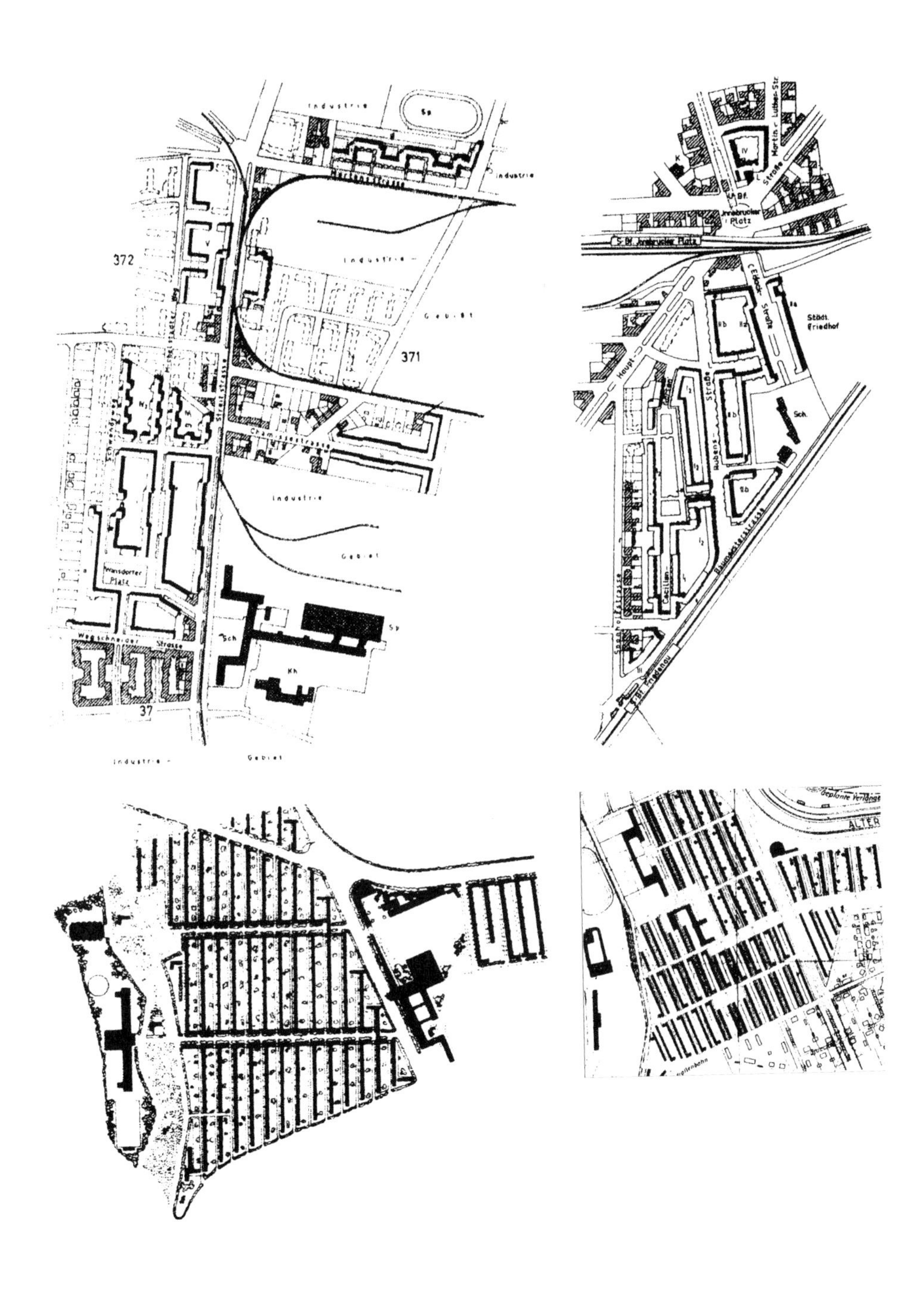

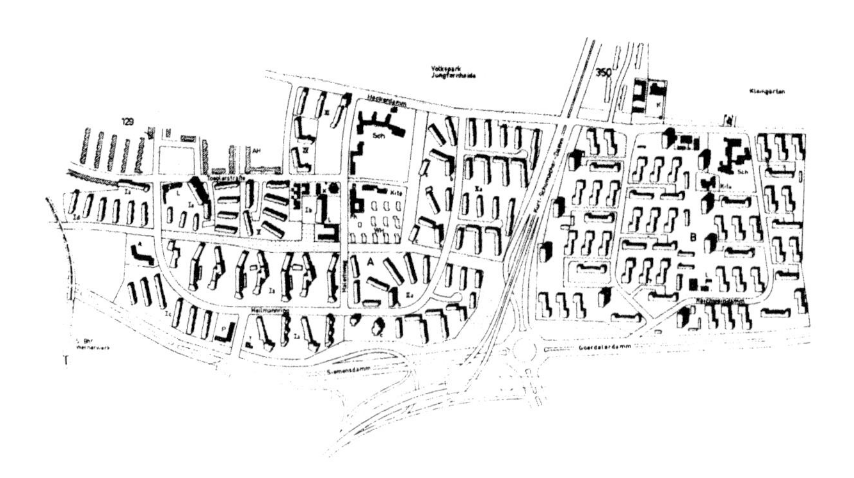

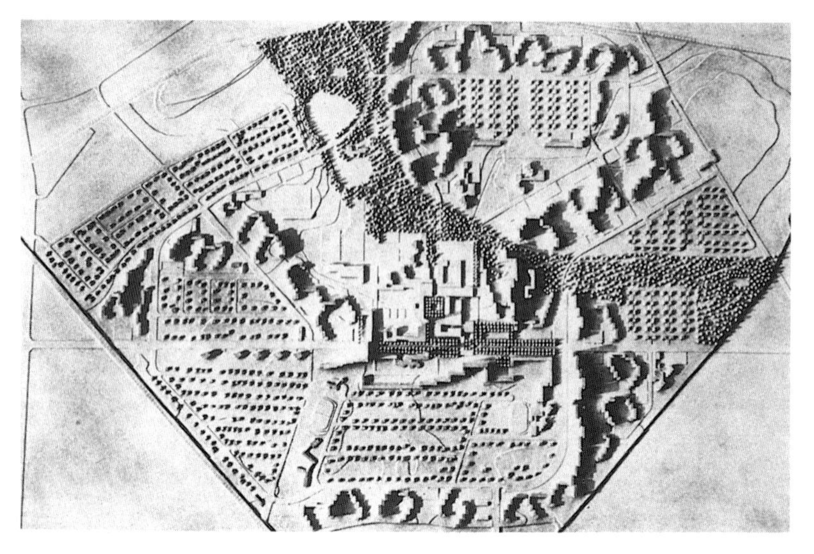

Oben:
Wohnsiedlung Charlottenburg Nord
von Hans Scharoun,
Werner Weber u.a.
(Bauteil A),
1955–1961,
und Wils Ebert, Werner
Weber (Bauteil B),
1959–1965.

Unten:
Werner Düttmann,
Hans Müller, Georg
Heinrichs, Märkisches
Viertel, erstes Massenmodell, 1962.

Gemeinschaft – nun vorzugsweise Nachbarschaft genannt – dem Experimentieren mit der „Variation der Lageachsen", der „Alternanz aus Niedrigem und Hohem, Breitem und Engem" sowie der „Baustaffelung" anvertraut. Das Leitbild einer Kleinstadt als idyllischer Insel inmitten der hektischen Metropole wich allmählich dem Gegenbild einer Großsiedlung aus riesigen Wohngebäuden und fließenden Freiräumen. Es wirkt wie eine Metapher eben der großstädtischen Hektik, oder wie das folgerichtige Ergebnis eines Kampfes für Urbanität und gegen Monotonie, der zunehmend mit ungeeigneten Mitteln geführt wurde. Der erste Massenplan von 1962 für das Märkische Viertel stellt eine Wohnanlage für 50 000 Einwohner in der völlig neuen Form einer städtebaulichen Megastruktur dar; kurz darauf verschwanden in den Projekten für die Gropius-Stadt alle Bezüge auf die Tradition der europäischen Stadt und auf die benachbarte Hufeisensiedlung von Bruno Taut.
Wenn man die uniforme Ordnung der Siedlungen der späten zwanziger Jahre als das Resultat eines „abstrakten Rationalismus" ansehen kann, so ist für das zunehmende Chaos in den Wohngebieten der Nachkriegszeit hauptsächlich ein „individualistischer Romantizismus" verantwortlich.
Keineswegs zufällig entstammt die Kritik an diesen Erfahrungen und die erneute Beachtung der Geschichte den „rationalen" Ansprüchen, der Stadt eine sinnvolle Ordnung und der Architektur eine erkennbare Identität zurückzugeben. Ebensowenig zufällig waren es Architekten wie Oswald Mathias Ungers oder Josef Paul Kleihues, die eine richtungsweisende Rolle innerhalb der Umorientierung des Städtebaus und der Architektur in Berlin seit den siebziger Jahren eingenommen haben. Auf die abgelehnten Inszenierungen von Großstadt in den Großsiedlungen der Peripherie folgten in den achtziger Jahren die neuen Leitbilder der „Kritischen Rekonstruktion" und des „Wohnens in der Innenstadt".
Die Bezüge auf Morphologie und traditionelle Traufhöhe der Berliner Bebauung, auch das Schwinden des generellen Konsenses über ein bestimmtes Repertoire figurativer Konventionen, förderten die Veränderung des Leitbildes der Neuen Wohnstadt: den Übergang von einer „Nicht-Stadt" mit homogener Architektur zu einer Stadt mit pluralistischer Architektur.

Zentrum, Peripherie, Großstadt, Neue Wohnstadt: die Wiedervereinigung Deutschlands und Berlins eröffnet erneut die Diskussion über ihre jeweiligen Aufgaben und Leitbilder. Die wiedergewonnene Hauptstadtfunktion kündigt das Drängen von Leitungs- und Verwaltungsfunk-

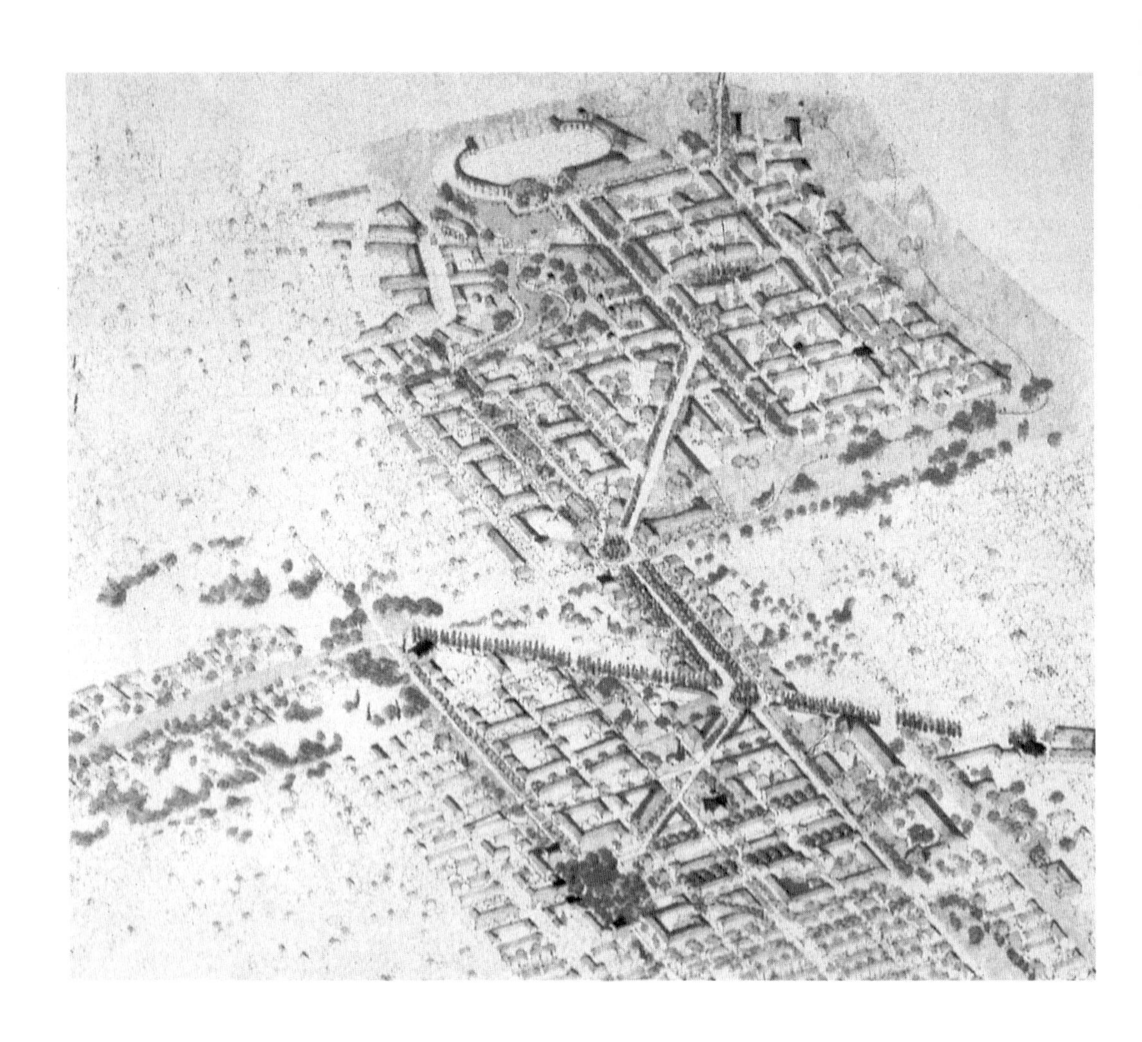

Charles Moore, John Ruble, Buzz Yudell, Vorstadt Karow-Nord, Entwurf 1991.

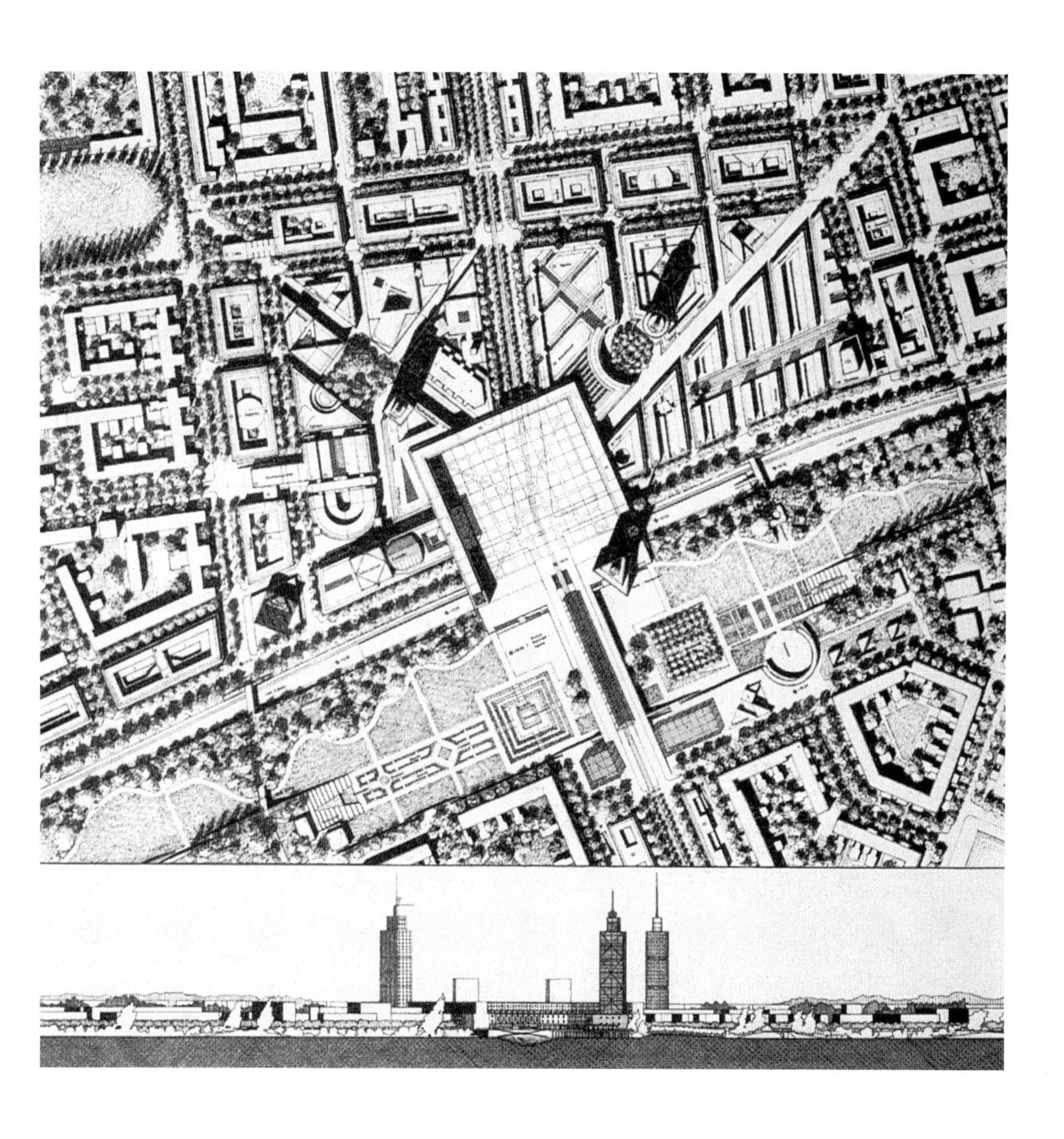

Andreas Brandt, Rudolf Böttcher, Wohngebiet Hellersdorf, Die spanische Piazza, Entwurf 1990.

tionen in die Innenstadt an. Die prognostizierte erhebliche Zunahme der Einwohnerzahl erfordert die Wiederaufnahme eines umfangreichen Wohnungsbaus in der Peripherie. Für die Umgestaltung des Zentrums zeigen die heutigen Entwürfe ein neuerwachtes Interesse am Thema der zeitgemäßen Großstadtarchitektur unter Berücksichtigung der historischen Identität des Ortes.

Für den Wohnungsneubau in der Peripherie gibt es das Leitbild der „Neuen Vorstadt". Mit einer Dimension von ca. 5 000 Wohnungen ist sie ungefähr dreimal so groß wie die bekanntesten Siedlungen der zwanziger und ungefähr ein Drittel so groß wie die Großsiedlungen der sechziger Jahre. Viel mehr als die einstigen Siedlungen will die Neue Wohnstadt pluralistisch sein, sowohl in der sozialen Struktur ihrer Bewohnerschaft als auch in ihrem baulichen Ausdruck: Die Mischung von Miet- und Eigentumswohnungen, von öffentlichen und privaten Investoren und schließlich die Beteiligung einer größeren Zahl von Architekten unterstützten diese Perspektive.

In der Nachfolge einer inzwischen hundertjährigen Tradition sind heute auch die qualitativen Anforderungen präzise formuliert.

Für die Identität der „Vorstadt" als Gesamtheit ist besonders „der Bezug zu den historischen Spuren" wichtig, für den ausgeprägten urbanen Charakter ihrer einzelnen Teile sind es „die eindeutig gestalteten Straßen und Plätze ... mit unterscheidbaren Häusern unterschiedlicher Größe und einer maximalen Höhe von vier Geschossen plus ausgebautem Dachgeschoß" (Hans Stimmann, Senatsbaudirektor von Berlin, 1993).

Als Eckpfeiler des berlinischen Städtebaus am Ende des zwanzigsten Jahrhunderts finden wir erneut einerseits die Weiterentwicklung der Innenstadt als großstädtischer City, andererseits den Neubau von „Kleinstädten" in der Peripherie. Wie aber kann eine exzessive Zunahme störender Faktoren, wenn nicht gar eines zerstörenden Drucks auf die Innenstadt vermieden werden? Und wie kann es in der Peripherie gelingen, die reale Lebensqualität so hoch und komplex zu gestalten, wie es die ersten Ansichtszeichnungen der Vorstädte versprechen?

Gegen mögliche unerwünschte Begleiterscheinungen der heutigen Zielvorstellungen halte ich es für besonders wichtig, die Entwicklung Berlins als einer polyzentrischen Metropole zu stärken. Ich plädiere dafür, neben und in den Siedlungen der jüngsten Vergangenheit und der nahen Zukunft hochprofilierte Bauten und öffentliche Orte mit großstädtischen Aufgaben zu schaffen – zeitgemäße Fragmente der Metropole in der Peripherie. Um diese Fragmente aus dem „neo-malerischen" Erscheinungsbild der Wohnstadt im Zeitalter des Pluralismus hervorzuheben, scheint mir eine der berlinischen Tradition von Schinkel bis Mies verpflichtete Architektur besonders geeignet: eine Architektur mit einer „rational-klassischen" Erscheinung und einer „künstlerisch-romantischen" Seele.

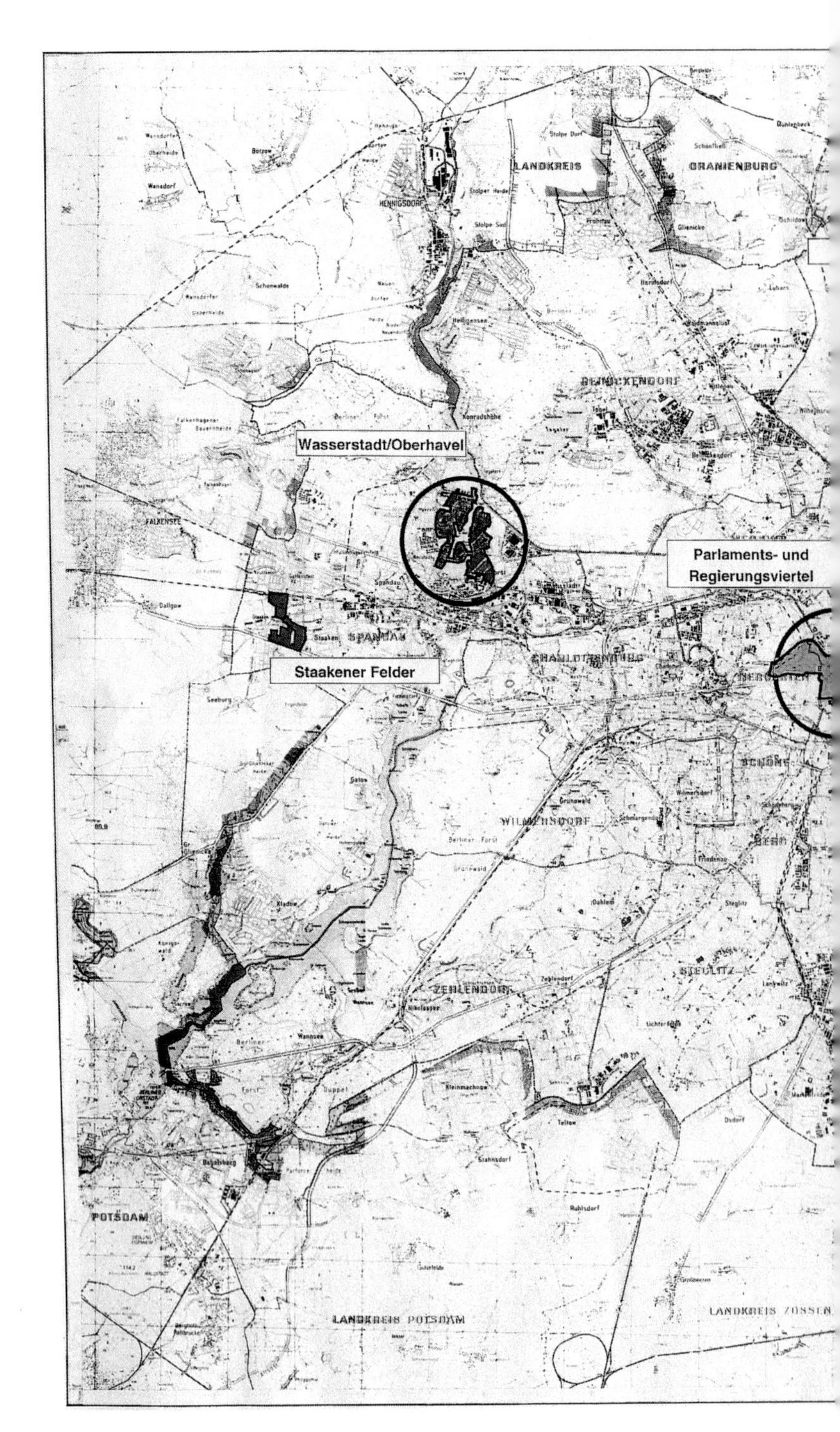

Berlin-Plan mit den großen städtebaulichen Entwicklungsgebieten der Innenstadt und der Peripherie: Untersuchungsgebiete, förmlich festgelegte Entwicklungsbereiche (im Kreis), Gebiet mit städtebaulichem Vertrag (mit Sternchen). Stand 1994.

Buch
Karow-Blankenburg
Eldenaer Straße
Eisenacher Straße
Biesdorf-Süd
Rummelsburger Bucht
rshof/Johannisthal
Dahmestadt
Rudower Felder
Altglienicke
Bohnsdorf
LANDKREIS BERNAU
LANDKREIS STRAUSBERG
MARZAHN
HELLERSDORF
LICHTENBERG
KÖPENICK
FÜRSTENWALDE
LANDKREIS KÖNIGS WUSTERHAUSEN

Jürgen Sawade

Das Berliner Büro- und Geschäftshaus

Architektur ist Ausdruck von persönlichen Auffassungen und persönlichen gestalterischen Absichten, wie jede andere Kunst. Erlauben Sie mir deshalb, einige persönliche Anmerkungen zu meiner Architektur zu machen.
Ich bin Berliner und als solcher ein Großstädter. Meine Architektur ist eine großstädtische Architektur. Ich bin auch Preuße und als solcher in meiner ästhetischen Gesinnung ein Purist, ein Rationalist und zunehmend ein Minimalist. Meine Architektur ist puristisch, d.h. sie ist einfach, klar, präzise und ehrlich. Weniger ist für mich nicht nur mehr, weniger ist für mich besser, weniger ist für mich alles!
Mit dieser Gesinnung stehe ich nicht allein, sondern sehr wohl auch in der Tradition der Berliner Baugeschichte. Heinrich Tessenow zum Beispiel antwortete einmal, nach den Prinzipien der Architektur befragt: „Das Einfachste ist immer das Beste, aber das Beste ist nicht immer einfach", und Egon Eiermann sagte: „Das bewußte Reduzieren, das Weglassen, das Vereinfachen hat eine tiefe ethische Grundlage: Nie kann etwas zuwider sein, was einfach ist". Ludwig Mies van der Rohe sagte das in der ihm eigenen Art der Reduktion: „So einfach wie nur möglich, koste es, was es wolle."
Meine persönlichen Vorbilder waren neben den Großvätern der Moderne – Karl Friedrich Schinkel und Friedrich Gilly – insbesondere die Väter der Moderne: Peter Behrens, Hans Hertlein, Hans Poelzig, Ludwig Mies van der Rohe, Max Taut, um nur die für mich wichtigsten zu nennen. Ich betrachte die Arbeiten dieser Architekten und im besonderen jene Großstadtarchitektur, über die ich im folgenden noch sprechen werde, als ein großes Erbe meiner Generation. Für meine eigene Arbeit bedeutet das einerseits die Verpflichtung, da anzuknüpfen und weiterzumachen, wo die Väter gezwungenermaßen aufhören mußten, andererseits die Verpflichtung, die Gesinnung der Moderne, die sozialen und ästhetischen Ambitionen fortzusetzen, weiterzuentwickeln und auf heute zu übertragen. Architektur ist für mich, aus dem Bekannten das Unbekannte, Visionäre zu entwickeln.
„Historisch ist nicht, das Alte allein festzuhalten oder zu wiederholen", schrieb Schinkel in seinem Architektonischen Lehrbuch, „dadurch würde die Historie zugrunde gehen, historisch handeln ist das, welches das Neue herbeiführt und wodurch die Geschichte fortgesetzt wird."

Das Berliner Büro- und Geschäftshaus war und ist eine großstädtische Bauaufgabe. In den zwanziger Jahren war es – neben dem Siedlungs-

Ludwig Mies van der Rohe, Bürogebäude aus Stahlbeton, Entwurf 1922.

Hans Hertlein, Hochhaus des Schaltwerks der Siemens AG, Nonnendammallee 104–110, Berlin-Charlottenburg, 1926–1928.

Bruno Paul, Kathreiner-Hochhaus, Potsdamer Straße 186, Berlin-Schöneberg, 1929–1930.

Erich Mendelsohn, Haus des Deutschen Metallarbeiter-Verbandes, Alte Jakobstraße 148–155, Berlin-Kreuzberg, 1929–1930.

Oben:
Peter Behrens, Berolina- und Alexander-Haus, Alexanderplatz, Berlin-Mitte, 1930–1932.

Unten:
Erich Mendelsohn, Columbus-Haus, Potsdamer Platz, Berlin-Mitte, 1931–1932.

bau – eine der großen Bauaufgaben der Moderne. Sehr deutlich wird dies, wenn man nur einige zu dieser Zeit in Berlin entstandene und für Berlin geplante Beispiele nennt:

- Ludwig Mies van der Rohe entwarf 1922 das nicht realisierte Bürogebäude aus Stahlbeton für Berlin-Mitte.
- Max Taut baute 1922/23 das Haus des Allgemeinen Deutschen Gewerkschaftsbundes an der Wallstraße in Berlin-Mitte.
- Hans Hertlein baute 1926/28 das Hochhaus des Siemens-Schaltwerks an der Nonnendammallee in Berlin-Spandau.
- Bruno Paul baute 1929/30 das Kathreiner-Hochhaus an der Potsdamer Straße in Berlin-Schöneberg.
- Erich Mendelsohn baute 1929/30 das Haus des Deutschen Metallarbeiter-Verbandes an der Alten Jakobstraße in Berlin-Kreuzberg.
- Hans Poelzig baute 1930 das Haus des Rundfunks an der Masurenallee in Berlin-Charlottenburg.
- Peter Behrens baute 1930/32 das Berolina- und Alexander-Haus am Alexanderplatz in Berlin-Mitte.
- Erich Mendelsohn baute 1931/32 das leider nicht mehr erhaltene Columbus-Haus am Potsdamer Platz in Berlin-Mitte.

Allen vorgenannten Beispielen von Berliner Büro- und Geschäftshäusern ist eines gemein: Sie sind Meisterwerke einer Großstadtarchitektur mit noch heute gültigem Vorbildcharakter. Als solche besitzen sie Eigenschaften, Prinzipien und nicht zuletzt das Erscheinungsbild einer spezifischen Großstadtarchitektur. Diese ist insbesondere

- großmaßstäblich in Grundriß, Aufriß und Schnitt;
- großzügig im Erschließungssystem von der Eingangshalle über die vertikale Erschließung der Kerne bis zu den horizontalen Fluren;
- großflächig in den Fassaden und zusammenhängenden Bürozonen;
- großformatig in den Fassadenelementen und Fensterdurchbrüchen.

Die architektonischen Prinzipien, die auch meine eigenen als Architekt geworden sind, heißen Achse, Symmetrie, Raster und Einheit von außen und innen. Ebenso dazu gehören bewußtes Reduzieren, sinnvolle Klarheit, Strenge und Präzision, aber auch Reduktion und Reinheit der Mittel, d.h. die Materialgerechtheit.

Das städtebauliche wie architektonische Erscheinungsbild einer solchen Architektur ist stets das:

- eines Hauses mit
- einem Eingang,

Jürgen Sawade, Büro- und Geschäftshaus Unter den Linden, Ecke Neustädtische Kirchstraße, Berlin-Mitte. Modell.

– einer Fassade,
– einem Fassadenmaterial und
– einem Fensterformat.

Dies ist heute nicht mehr so selbstverständlich, wie es klingt. Und: Die Ausnahmen bestätigen hier die Regel!

Oswald Mathias Ungers schreibt in seinen Bemerkungen zu eigenen Entwürfen und Bauten: „Die Architektur wird von zwei wesentlichen Bezügen geprägt. Zum einen vom Bezug zum Ort, für den sie geplant und gedacht ist, und dazu darf man nicht nur den realen Ort zählen, sondern auch den geistigen, geschichtlichen und gesellschaftlichen Raum, der sie bestimmt, zum anderen vom künstlerischen Typus, den der jeweilige Entwurf oder Bau offenbart." Mit den Worten von Werner Düttmann müßte man ergänzen: „Berlin ist viele Orte." In Berlins Innenstadt bestimmt das Blockkonzept den Stadtgrundriß, folgerichtig sind der Block, der Blockrand, die Blockecke und das Blockinnere die potentiellen Bezugsorte. Bezogen auf den ganzen Stadtgrundriß, d. h. blockübergreifend betrachtet, können Orte auch eine Thematisierung der Bauaufgabe bestimmen: Büro- und Geschäftshaus an der Straße, am Platz, am Forum, am Park, im Grünen etc.

Typologisch betrachtet wurden für das Berliner Büro- und Geschäftshaus unterschiedliche Typen, d. h. Grundformen entwickelt. Hierzu zählen zeilen- und kammförmige, T-, L-, U- oder H-förmige, hof- oder atriumförmige Typen.

Der künstlerische Typus wurde und wird also bestimmt durch den Bezug zum Ort, durch die Auswahl oder Erfindung eines Typus und nicht zuletzt durch die ganz persönliche Auffassung, Gestaltung und Gesinnung des Architekten.

Das Erschließungssystem bestimmt den Grundriß des jeweiligen Typus. Es gibt einhüftige, zweihüftige und dreibündige Anlagen. Die dafür entsprechenden Konstruktionssysteme sind das Zwei-, Drei- und Vier-Ständersystem. Die Bauordnung von Berlin bestimmt die Abstände von notwendigen Treppenhäusern zueinander und damit im Grundriß die Lage der Kerne, d. h. der Zusammenlegung von Treppen, Aufzügen und Sanitär-Anlagen. Neuerdings sind in Berlin auch innenliegende Treppenhäuser mit entsprechenden Auflagen möglich, was zu einem Boom von „angelsächsischen" Dreibundanlagen führte. Diese Dreibundanlagen bestehen aus einer im Grundriß mittleren Zone mit Kernfunktionen und zusätzlichen innenliegenden Räumen für Besprechungen, Ausstellungen und Archivierungen. In den beiden äußeren Zonen liegen die Büroräume.

Dreibundanlagen sind sehr flexibel und beinhalten eine große Änderungskapazität. Alle Büroformen sind hier denkbar: Einzelbüros, Gruppenbüros, Kombibüros und Großraumbüros.
Das äußere Erscheinungsbild großstädtischer Berliner Büro- und Geschäftshäuser wird durch die Fassade geprägt. Es gibt grundsätzlich Lochfassaden, Bandfassaden, Skelettfassaden und Vorhangfassaden. In Vergangenheit und Gegenwart verwendete Fassadenmaterialien sind Naturstein (Sandstein, Muschelkalk, Travertin und Granit), Klinker, Stahlbeton, Pfeifenköpfe (keramische Spaltachtel), Metall (einbrennlackierte Aluminiumbleche und emaillierte Stahlbleche) und Glas.
In Hamburg gab es eine kontinuierliche Entwicklung des Typus Büro- und Geschäftshaus vom Kaufmannshaus über das Kontorhaus bis zum modernen Bürohaus. In Berlin gab es keine vergleichbare Entwicklung, dafür baute man – wenn auch zeitlich später als z.B. in Hamburg, Frankfurt und Köln – die ganze Bandbreite der Typologien von Büro- und Geschäftshäusern.
Die Großstadt-Architektur der zwanziger Jahre in Berlin ist berlinisch, d.h. ortsbezogen eigenständig, unverwechselbar, bescheiden, großzügig, unangepaßt, unmodisch, risikobereit, fast zeitlos und steht doch im Kontext zur gewachsenen Stadt. Der Berliner Rationalismus ist ein ethischer Rationalismus, gepaart mit preußischer Gesinnung. Das Produkt ist viel poetischer als die Bemühungen des heutigen sogenannten poetischen Rationalismus. Das Produkt ist – frei nach Fritz Neumeyer – gebaute „elementare Prosa".

Roger Diener

Berlin, ein Ort für Architektur

1929 hat Walter Petry im Heft 12 der Zeitschrift *Das neue Berlin* unter dem Titel „Stadt und Erde"[1] einen Artikel publiziert. Gemessen etwa an dem geordneten Plan Pekings, schreibt Petry, sei Berlin ein gestükkelter, unübersichtlicher, chaotischer Entwurf einer Großstadt. In seinem kurzen Artikel beschreibt er Berlin als ein Ganzes, das durch mittelalterliche Ansiedlungen, Hafenviertel, Dörfer, Rittergüter, Seen und Waldungen eingefaßt sei. Petry bezeichnet das als ein Eindringen der Natur in die Stadt. Er leitet daraus für Berlin einen besonderen Großstadt-Begriff her, der nach allen Seiten offen ist. „Wir müssen", schreibt er, „die Stadt als Sammlung aller historischen Formen von Niederlassung begreifen, als Modell primitiver, ständischer, mittelalterlicher, neuzeitlicher Bauformen hinnehmen, ein Schichtengebilde, das sich auch im Soziologischen, im Aufbau seiner Bevölkerung wiederholt...".

Das Eindringen der Natur in die Stadt als ein kultur- und stadtgeschichlicher Bestand hat in Berlin seit der kleinen Notiz von Petry 1929 einen ungeahnten und dramatischen Verlauf genommen.

Inzwischen hat ein weiterer Gegen-Entwurf die Stadt noch überlagert – derjenige der Zerstörungen. Zurückgeblieben sind Räume, in welchen die Natur eine andere Bedeutung hat. Es sind nicht Orte, welche von der Urbanisierung ausgespart worden sind, sondern Räume, in denen die frühere Stadt bereits ein zwanghaftes Ende gefunden hat. Der freie Raum ist dort nicht unbesetzt geblieben. Diese versehrten, von der Natur scheinbar wiedergewonnenen Räume sind in Berlin so vielschichtig wie die Gebäude selbst.

Der erste Eindruck, den man von der Stadt gewinnt, ist der ihrer Offenheit. Es ist eine schwer zu beschreibende Eigenart Berlins. Es bleibt immer eine Distanz, man bewegt sich in der Stadt, ohne von ihr bedrängt zu werden. Manchmal stimmt die Distanz leicht und heiter, manchmal lastet sie als Leere. Unbeschadet jedoch von allen Empfindungen, gewöhnt man sich in Berlin eine andere Sehweise an. Das Auge nimmt den Gegenstand einzeln wahr, und er wird als solcher im Bewußtsein verzeichnet. Wir betrachten den einzelnen Gegenstand und erkennen seine Struktur und seine Funktion. Deshalb wohl schreibt beispielsweise Rudi Thiessen[2], daß man, durch die Straßen streifend, in Berlin die Sozialstruktur nicht nur in ihrer aktuellen Differenziertheit wahrnimmt, sondern zugleich in ihrer historischen Genese. Es ist ein geheimnisvolles, andauerndes Zusammenspiel über die Zeit: Die besondere Gestalt der Stadt öffnet den Blick für die Wahrnehmung des

[1] Walter Petry, „Stadt und Erde", in: Das Neue Berlin, Reprint der Ausgabe von 1929, Basel 1988, S. 246.

[2] Rudi Thiessen, „Berlinische Dialektik der Aufklärung", in: Städtische Intellektuelle. Urbane Milieus im 20. Jahrhundert, Hg. Walter Prigge, Frankfurt am Main 1992, S. 142 ff.

einzelnen Gegenstandes. Und eine so entwickelte Sehweise bringt neue, andere Gegenstände hervor. Die Wirkung ist eindrücklich. Sie betrifft sowohl die „profane" Stadtstruktur als auch die Monumente. In welcher anderen Metropole kann man sich bei einem kleinen Bau eine ähnliche Ausstrahlung vorstellen wie bei Schinkels Neuer Wache? Gleiches gilt für die großartige Nationalgalerie, die trotz aller bemühenden Kolportagen, ihr Entwurf sei nicht für Berlin gedacht, doch hier entstanden ist und die wir uns nicht anderswo vorstellen möchten.
Auch die Berliner Mietshäuser mit ihren geschlossenen Blockfronten sehen wir unter diesem Blickwinkel. Der vielbeschriebene Meyers-Hof beispielsweise, mit diesem allgemeinsten aller denkbarer Namen, hat sich dem Betrachter als Anlage durch den Blick „in die Tiefe" des Hauses eröffnet. In der perspektivischen Folge von Häusern und Höfen, dem Spiel von Licht und Schatten, spiegelt sich das besondere Spannungsfeld von Schutz und Bedrohung wider, wie sie von der dichten Stadt-Struktur ausgehen. Und wir glauben eine Lebenspraxis zu erkennen, welche mit diesen Strukturen verbunden ist. Ungeheuer spröde präsentiert sich der Meyers-Hof wie ein aufgeschlagenes Buch, das seinen Inhalt durch die Lektüre preisgibt. (Dieses sprachliche Bild hat selbstverständlich nichts mit einer schematischen Auffassung vom „Text" der Stadt zu tun.)
Die Wirkung von Bauten und Räumen in Berlin ist außergewöhnlich. Sie werden in dieser offenen Stadt-Gestalt auf vielfältige Weise ins Licht gesetzt. Sie bieten deshalb dem Betrachter keine kontemplative, passive Haltung an, sondern sie fördern eine aufgeklärte, kritische Aneignung ihrer selbst. Die leeren und die besetzten Räume erzeugen in uns intensiv wahrnehmbare Spannungen. Die Reize, welche sie auslösen, sind allerdings nicht kollektiver Natur. Berlin, denke ich, erlebt jeder einzelne sehr viel verschiedener als beispielsweise Paris oder London. Damit hat eine neue Berlinische Architektur zu rechnen.
Wie kaum irgendwo sonst erkennen wir in den Zeugnissen der Moderne, in den Gebäuden des Neuen Bauens einen selbstverständlichen, historischen Bestand der Stadt. Das mag mit dem konsequenten Wirken von Martin Wagner und anderen zu tun haben. Aber es ist wohl auch das Resultat einer anderen, „sachlichen" Betrachtungsweise, um die man sich hier kaum bemühen muß. Julius Posener zitiert in diesem Zusammenhang einen Satz von Bruno Taut: „In der sachlichen Knappheit liegt Berlins Tradition; man nannte es früher Preußentum." Das, so Posener, „gilt heute wie damals".[3] Auch im Programm für den Wettbewerb Potsdamer Platz/Köthener Straße von 1993 sind die Planungsziele mit ähnlichen Worten umschrieben: „Nach der Vorstellung der Senatsverwaltung für Bau- und Wohnungswesen sollte sich

[3] *Julius Posener, Das Neue Berlin, Vorwort des Reprint, op. cit., S. 4.*

die Architektur im Geist preußischer Aufklärung verhalten, den Berlin prägenden preußischen Klassizismus widerspiegeln, das heißt, sparsam, genau und rational gegliedert sein."[4]
Daß die Moderne hier so selbstverständlich erscheint, liegt wohl nicht nur an der Kontinuität des rationalen Geistes. Auch spätere Strukturen sind aus heutiger Sicht zu einem vertrauten Teil der Stadt geworden. Dies gilt zum Beispiel für die Bauten des Hansa-Viertels, unbeschadet von allen Vorbehalten einer tatsächlich überholten CIAM-Doktrin, welche ihrem städtebaulichen Muster zugrunde liegt. Im Gegensatz zu anderen Städten hat Berlin eine solche Struktur zu integrieren vermocht. Hier empfinden wir sie als einen Teil der Stadt und zugleich als einen Teil der lebhaften Auseinandersetzung um ihre städtebauliche Form. In Berlin ist die Stadtentwicklung als Prozeß sinnlich wahrnehmbar.
Die große Baukultur Berlins liegt gerade in diesem Ringen um Stadt-Struktur und Architektur. Zum Beispiel hat die Auseinandersetzung innerhalb der Bewegung des Neuen Bauens, die Diskussion zwischen den Positionen, wie sie von Gropius oder Häring vertreten worden sind, ihr Werk erst in den großen Zusammenhang der Stadt eingebunden. So sind nicht nur einzelne, losgelöste Manifeste entstanden, sondern ungleiche Beiträge innerhalb eines vergleichbaren Bemühens. Und ihre Unterschiedlichkeit hat sie nach außen geöffnet, hat es erst erlaubt, sie in eine Beziehung zur Stadt zu setzen. Mehr als anderswo sind in Berlin eindrucksvolle Leistungen verknüpft mit der kontinuierlichen Suche nach einer angemessenen Form. Und dieses wiederkehrende Bemühen über einen langen Zeitraum hinweg ist wohl das rettende Gegenstück zu einer Stadtentwicklung, die wiederholt zerstörerischen politischen Entwicklungen ausgeliefert worden ist. Die unzähligen Zeugnisse aufbauender Kraft und zerstörerischer Gewalt halten sich die Waage. Dieses Gleichgewicht fördert den seltenen Eindruck der Offenheit, der von der Stadt ausgeht.

Heute sind die Projekte nicht mehr angelegt, um den einzelnen zu befreien, so wie das die Architekten der Moderne im Sinn hatten. Niemand macht sich darüber Illusionen. Dennoch kann sich eine neue Stadtarchitektur nur in einem ähnlichen Widerstreit, in der umfassenden Diskussion um ihre Form, entwickeln. Jeder Versuch, die vielen Facetten dieser offenen Stadtgestalt Berlins mit übergeordneten Strukturen zu binden und zu reduzieren, droht die kontinuierliche Spur ihrer Entwicklung zu verwischen. Damit ist nicht gemeint, daß man bestehende Strukturen nicht anrühren sollte. Aber der Eingriff hat sich am Bestand zu orientieren.

[4] Realisierungswettbewerb Potsdamer Platz/ Köthener Straße, Wettbewerbsaufgabe, Senatsverwaltung für Bau- und Wohnungswesen, Berlin 1993, S. 32.

Ein kleines Beispiel aus dem Bereich der Denkmalpflege mag diese These illustrieren. In der *ZEIT* vom 18. Oktober 1991 hat sich Julius Posener dafür ausgesprochen, Schinkels Neue Wache in Berlin so zu restaurieren, wie sie 1931 von Heinrich Tessenow als Mahnmal für die deutschen Kriegsgefallenen des Ersten Weltkriegs umgestaltet worden ist. Er hat damit der Meinung der verantwortlichen Denkmalpflegerin widersprochen, die den Raum so belassen wollte, wie er 1951 als DDR-Mahnmal für die Opfer des Faschismus ausgestattet worden war, weil auch dies – wie sie sagt – „ein Teil der Geschichte des Bauwerks und ein Zeitdokument" sei.
Posener hingegen spricht von einem „peinlich gewordenen Mahnmal" und macht den künstlerischen Rang der Tessenow-Fassung geltend. Abschließend schreibt er: „Die Denkmalpflege ist im besten Sinne problematische Arbeit. Darum muß sie sich an gewisse Regeln halten, das versteht sich. Jede Regel aber verliert ihre Gültigkeit angesichts des Ereignisses, des großen Augenblicks – um es kurz zu sagen: des Kunstwerks. Hier bleiben die Regeln in suspenso."
Keine dieser beiden Fassungen des Mahnmals wird in der Lage sein, die wahre Geschichte zu vermitteln. Tessenow schuf den Raum für die Kriegsofer unmittelbar vor der Katastrophe des Nazi-Deutschland und seiner Abermillionen von Opfern. Er selbst hat sich mit seiner Gestaltung schwer getan und soll nach dem Wettbewerbserfolg gezögert haben, das Werk auszuführen. Es schien ihm nicht mehr möglich, mit seiner Raumgestaltung an das Verhängnis der Toten zu erinnern. Zu Zeiten des DDR-Mahnmals hingegen stand man im Raum und hatte die Ehrengarde der Nationalen Volksarmee im Rücken. Das Bekenntnis gegen den Faschismus und die unmittelbare Präsenz dieser Wache waren grotesk und beängstigend zugleich.
Beide Fassungen haben auf ihre Weise ausgedient. Und damit, denke ich, wäre die Architektur gefordert.
Selbst die Denkmalpflege scheint also in Berlin in einer anderen Weise gefordert zu sein als in anderen Städten. Andernorts mag es ausreichen, daß man sich über die Fassung einigt, in der ein Denkmal bewahrt und überliefert werden soll. In Berlin aber scheint es nicht immer möglich, auf diese Weise Geschichtliches wieder erlebbar werden zu lassen. Der unerhörte Kreislauf von aufbauenden und zerstörenden Kräften, dem der überlieferte Bestand ausgesetzt war, kann nur durch einen dynamischen Prozeß erlebbar gemacht werden. Das ist eine weitere wichtige Facette dieser wiederkehrenden Suche nach der angemessenen Form, einer Suche, die die Kontinuität Berlins ausmacht.
In einem bemerkenswerten Referat hat der Architekt Bernard Huet die Beziehung zwischen Architektur und Stadt diskutiert.[5] Er stellt einen

[5] *Bernard Huet, L'architecture contre la ville, DA-Informations no. 124, Lausanne 1991.*

wesentlichen Widerspruch fest zwischen der Idee der Stadt und dem Konzept der Architektur. Die Stadt, so Huet, ist ein kollektives Faktum, sie ist der Ausdruck der öffentlichen Werte einer Mehrheit; die Architektur hingegen ist ein einzelnes Faktum, das gegründet ist auf einer individuellen Vision eines einzelnen oder einer Gruppe. Die Stadt gründet auf der Kontinuität und Permanenz in Zeit und Raum. Ihr Takt ist jener einer dauernden Rekonstruktion und Neugründung. Architektur dagegen ist diskontinuierlich in Zeit und Raum. Sie ist an Ereignisse gebunden, an das Spiel der Kräfte, an den institutionellen, funktionalen und ästhetischen Wandel. Architektur ist dem Wesen nach begrenzt, fragmentarisch und immer unvollendet, denn sie kann nie die Permanenz in Anspruch nehmen. Die Stadt ist der Ort der Konventionen par excellence. Die Architektur hingegen basiert als Kunstwerk auf dem Ausdruck des Unterschiedes, der Ausnahme.

Wir wissen natürlich, daß sich Stadt und Architektur ergänzen, daß die Monumente zur Architektur zählen und daß sie die kollektiven Werte der Stadt darstellen. Der Schlüssel aber zum Verständnis von Architektur und Stadt liegt im System der Gebäude-Typologie. Der Typ ist die Summe von Konventionen, die verbunden sind mit sozialen Strukturen, kulturellen Modellen und konstruktiven Systemen. Er wandelt sich nur allmählich. Er ist der Stadt und der Architektur zugehörig. Huet schlägt vor, den Widerspruch aufzulösen, indem die Architektur den Typus und seine Struktur zum Thema macht. Die Begegnung zwischen Geschichte und Projekt, zwischen öffentlichen und privaten Werten, zwischen Permanenz und Transformation, zwischen Regel und Ausnahme kann auf diese Weise, so die These Huets, ihre Wirkung entfalten, ohne das Gleichgewicht der Stadt zu bedrohen.

Das ist alles nicht neu. Erstaunlich ist aber, daß ausgerechnet die Denkmalpflege an dieser Idee schon früher Kritik geübt hat. Bereits 1983 hat sich Norbert Huse aus der Sicht der Denkmalpflege gegen die Inanspruchnahme des Typus verwandt, weil er darin eine neue Bedrohung zu erkennen glaubte. Er schreibt dazu: „... Die konkreten Verfahrensweisen sind notwendigerweise denkmalfeindlich: aus Vorhandenem muß das Wesentliche, Typische, Gemeinsame herausgefiltert werden. Aus den vielfach sehr oberflächlich und flink gewonnenen, oft auch nur behaupteten Merkmalen wird dann ein notwendigerweise abstrakter Idealtypus entwickelt. Dieser Idealtypus, den es ja vor und außerhalb dieser Analysen nie gegeben hat, wird nun als Wirklichkeit behandelt, aus der man objektiv wesenskonforme Neubauten deduzieren könne."[6]

Die Irritation der Denkmalpflege ist verständlich. Die Architekten haben sich ihrer Kategorien bemächtigt. An anderer Stelle könnte man sich

[6] Norbert Huse, Denkmalpflege, München 1984, S. 215.

über diese Kritik leicht hinwegsetzen. Denn die Abstraktion des Typus, die mit der Neuinterpretation verbunden ist, schafft erst die Voraussetzung für das schöpferische Werk. Dennoch ist dort Vorsicht geboten, wo die Neugründungen Orte der alten Stadt besetzen. So sind beispielsweise neue Blocks wohl kaum als trügerische Rekonstruktionen gedacht. Doch es ist zu fragen, welche Art Kontinuität mit solchen, in der Anlage bewußt traditionellen Typen an diesen „historischen" Orten entwickelt wird. Ist es schlicht Ausdruck einer Periode aufbauender Kräfte innerhalb des dialektischen Wechselspiels? Sind die traditionellen Strukturen geeignet, die „Tiefe" der Geschichte dieser Orte erlebbar werden zu lassen? Sind sie als Typ nicht zu geschlossen, um eine solche Aneignung zuzulassen? (Das ist selbstverständlich nicht räumlich gemeint.) Oder besteht ihr emanzipatorisches Potential gerade in ihrem Vermögen, den Orten eine neue, abschließende Identität zu verleihen und aufzuräumen mit dem Zeugnis ihrer leidvollen Geschichte?
Es steht uns nicht an, darüber zu befinden. Uns als Architekten, die von außerhalb kommentieren, schon gar nicht. Aber wenn Berlin, salopp formuliert, erfolgreich ausgebaut werden und dennoch in Würde altern soll, kann das nur mit dem Einsatz des Bestandes geschehen, den die Geschichte bewahrt hat. Das betrifft die Zeugnisse aufbauender und diejenigen zerstörerischer Kräfte gleichermaßen. Jede Stelle ist so neu zu bearbeiten. So wird sich das Projekt schließlich in die große Tradition Berliner Architektur einfügen, in dieses stete Ringen um eine angemessene Form, das hier übrigens meist sehr viel weniger eitel vorgetragen ist als andernorts. Diese Haltung hat im Widerschein politischer, wirtschaftlicher und kultureller Bedingungen erst jenes vielfältige Zeugnis entstehen lassen können, das Berlin ausmacht.
Wir sollten Berlin jedoch nicht überschätzen. Diese Stadt vermag ungeheuer viel aufzunehmen, am wenigsten aber wohl schematisch angelegte Strukturen.

Folgende Doppelseite:
Baustelle der Friedrichstadtpassagen
zwischen Friedrichstraße (links) und
Gendarmenmarkt
(rechts), Aufnahme
1993.

Die Autoren

Tilmann Buddensieg
Geboren 1928 in Berlin.
Lehrte Kunstgeschichte zuerst ab 1968 in Berlin und ist seit 1978 Professor in Bonn.
Wichtigste Veröffentlichungen: *Industriekultur. Peter Behrens und die AEG*, Berlin 1979; *Berliner Labyrinth. Preußische Raster*, Berlin 1993.

Annegret Burg
Geboren 1956. Studium von Architektur und Städtebau an der Universität Dortmund und am Politecnico di Milano.
In den achtziger Jahren für J. P. Kleihues, J. Stirling und die Internationale Bauausstellung Berlin tätig. Redakteurin der internationalen Architekturzeitschrift *Zodiac* in Mailand sowie Lehre am Politecnico di Milano.
Seit 1992 freies Architekturbüro in Berlin.
Arbeitsschwerpunkte: Städtebau und Großstadtarchitektur des 20. Jahrhunderts.
Wichtigste Publikationen: *Stadtarchitektur Mailand 1920–1940*, Basel-Berlin-Boston 1992, italienische Ausgabe Mailand 1991; *Stadtbild Berlin – Identität und Wandel*, Tübingen 1991, italienische Ausgabe Mailand 1991.

Roger Diener
Geboren 1950 in Basel, Schweiz.
Tätig als freier Architekt.
Arbeitet seit 1980 als Partner im Architekturbüro Diener & Diener. Von 1986–1991 Lehrtätigkeit in Lausanne (ETH) und Cambridge (Harvard University, GSD).
Bauten in Basel, Salzburg und Köln.
Publikationen: *From City to Detail*, London 1992; *Diener & Diener, Projekte 1978–1990*, Basel 1991.

Dieter Hoffmann-Axthelm
Geboren 1940 in Berlin.
Lebt als freier Architekturkritiker und Planer in Berlin.
Arbeiten zur Kunst- und Kulturtheorie, zur Stadtgeschichte Berlins, zu Architektur und Stadtplanung. Planungen für Berlin, Kassel und brandenburgische Städte.
Wichtigste Veröffentlichungen: *Die dritte Stadt*, Frankfurt 1993; *Wie kommt die Geschichte ins Entwerfen*, Wiesbaden 1987; *Sinnesarbeit, Nachdenken über Wahrnehmung*, Frankfurt 1984.

Fritz Neumeyer
Geboren 1946.
Lebt als Architekturhistoriker und -theoretiker in Berlin.
1989–1992 Professor für Baugeschichte an der Universität Dortmund.
Seit 1992 Professor für Architekturtheorie an der TU Berlin.
Arbeitsschwerpunkt ist die Architektur des 20. Jahrhunderts.
Publikationen zu Peter Behrens, Mies van der Rohe, Oswald Mathias Ungers, sowie *Großstadtarchitektur* (mit H. Kollhoff), Berlin 1992.

Jürgen Josef Sawade
Geboren 1937 in Kassel.
Tätig als freier Architekt in Berlin.
Seit 1976 Gastprofessor an verschiedenen Universitäten in den USA und in Wien.
Seit 1991 Professor an der Universität Dortmund.
1983–1986 Mitglied des Beirates für Stadtgestaltung und Architektur beim Senator für Bau- und Wohnungswesen Berlin.

Arbeitsschwerpunkte sind Wohnungsbau, Hotel- und Bürobau. In Berlin entstanden u.a. der Umbau der Schaubühne am Lehniner Platz, das Grand Hotel Esplanade und das Airport Hotel Esplanade. Zur Zeit befinden sich eine Reihe von Bürobauten im Bau, u.a. in der Französischen Straße und Unter den Linden.

Wolfgang Schäche
Geboren 1948 in Berlin. Studium der Architektur 1967–1972.
Tätig als Professor für Baugeschichte und Bauaufnahme an der TFH Berlin.
Arbeitsschwerpunkte sind Forschungen zur Architektur- und Stadtgeschichte sowie Architekturtheorie des 19. und 20. Jahrhunderts.
Zahlreiche Veröffentlichungen, u.a.: *Ludwig Hoffmann, Lebenserinnerungen eines Architekten*, 1983; *Die Siemensstadt. Geschichte und Architektur eines Industriestandorts*, 1985 (mit W. Ribbe); *Baumeister – Architekten – Stadtplaner. Biographien zur baulichen Entwicklung Berlins*, 1987 (mit W. Ribbe); *Architektur und Städtebau zwischen 1933 und 1945. Planen und Bauen unter der Ägide der Stadtverwaltung*, 1991; *Das Zellengefängnis Moabit. Zur Geschichte einer Preußischen Anstalt*, 1992.

Peter Schneider
Geboren 1940.
Tätig als Schriftsteller. Lebt seit 1962 in Berlin.
Wichtigste Publikationen: *Paarungen*, Roman, 1992; *Extreme Mittellage, Eine Reise durch das deutsche Nationalgefühl*,, 1990; *Deutsche Ängste*, Sieben Essays, 1988; *Der Mauerspringer*, Erzählung, Berlin 1982, *Lenz*, Eine Erzählung, 1973.

Franco Stella
Geboren 1943 in Thiene-Vicenza, Italien.
Tätig als Architekt in Vicenza. Professor für Theorie und Technik des architektonischen Entwerfens an der Architekturfakultät der Universität von Genua.
Die Arbeit als Architekt ist dokumentiert in: *Franco Stella. Progetti di Architettura 1970–1990*, Rom 1991.

Hans Stimmann
Geboren 1941 in Lübeck.
1962–1965 Studium der Architektur an der Staatlichen Ingenieurschule für Bauwesen in Lübeck. 1977 Promotion am Institut für Stadt- und Regionalplanung der TU Berlin. Seit 1965 Tätigkeit als Architekt in Frankfurt am Main; Arbeitsschwerpunkte: Industriebau, Wohnungsbau, Schulbau.
1983–1985 Lehrbeauftragter an der TU Hamburg-Harburg; Forschungsschwerpunkt Stadterneuerung und Werterhaltung.
1986–1991 Bausenator der Hansestadt Lübeck.
Seit April 1991 Senatsbaudirektor in der Senatsverwaltung für Bau- und Wohnungswesen Berlin.

Iain Boyd Whyte
Geboren 1947 in London.
Tätig als Architekturhistoriker in Edinburgh, Schottland.
Direktor des Centre for Architectural History and Theory, University of Edinburgh.
Schwerpunkt der Arbeit: Geschichte der modernen Architektur in Deutschland, Österreich, den Niederlanden, englisch-deutsche Literaturbeziehungen.
Wichtigste Veröffentlichungen: *Bruno Taut, Baumeister einer neuen Welt*, Stuttgart 1981; *Emil Hoppe, Marcel Kammerer, Otto Schönthal: Drei Architekten aus der Meisterschule Otto Wagners*, Berlin 1989.

Peter L. Wilson
Geboren 1950 in Melbourne, Australien.
Tätig als freier Architekt.
1978–1988 Unitmaster an der AA School of London.
1980–1987 Partner im Architekturbüro WILSON-PARTNERSHIP, London, mit Julia Bolles.
Seit 1987 Partner im Büro BOLLES + WILSON, London/Münster.
Veröffentlichungen: *Western Objects Eastern Fields*, AA London 1989; *Büro Bolles Wilson*, Westfälischer Kunstverein Münster 1993; *El Croquis Monograph*, April 1994.

Bildnachweis

Behrens, Peter – Berlin Alexanderplatz, Pfalzgalerie Kaiserslautern 1993: 152 oben

Bekiers, Andreas / Schütze, Karl-Robert: Zwischen Leipziger Platz und Wilhelmstraße, Berlin 1981: 93

Berlin und seine Bauten, Teil IV, Band A, Berlin, München, Düsseldorf 1970: 139 oben, 140

Berlin und seine Bauten, Teil IX, Industriebauten, Bürohäuser, Berlin, München, Düsseldorf 1971: 102 unten

Berliner Architekturwelt, 14. Jg., 1912: 98

Berliner Bauzeichnungen aus zwei Jahrhunderten, 1683–1876, Berlin 1977: 92

Casabella, Nr. 595, 1992: 143

Demps, Laurenz: Der Gensd'armen-Markt, Berlin (Ost) 1987: 104

Feireiss, Kristin (Hrsg.): Daniel Libeskind. Erweiterung des Berlin Museum mit Abteilung Jüdisches Museum, Berlin 1992: 82

Grisebach, August: Carl Friedrich Schinkel. Architekt, Städtebauer, Maler. Leipzig 1924. Neuausgabe München 1981: 60

Gut, Albert: Das Berliner Wohnhaus des 17. und 18. Jahrhunderts, Berlin 1984: 94

Hablik-Archiv, Itzehoe: 67

Haeckel, Ernst: Kunstformen der Natur, Leipzig/Wien 1904: 74

Hüter, Karl Heinz: Architektur in Berlin, 1900–1933, Dresden 1987: 100

Jahrbuch des Deutschen Werkbundes, 1915: 68 oben

Johannes, Heinz: Neues Bauen in Berlin, Berlin 1931: 58

Lampugnani, Vittorio Magnago: Berlin Tomorrow, London, Architectural Design, 1991: 79

Landesbildstelle Berlin: 102 oben

Lorck, Carl von: Karl Friedrich Schinkel, Berlin 1939: 95

Los Angeles County Museum (Foto: Ch. M. Joachimides u.a. Hrsg., German Art in the 20th Century, Ausstellungskatalog Royal Academy of Arts, London, München 1985): 66

Märkisches Museum, Berlin: 96

Meyer-Otto, Edina: Paul Mebes. Miethausbau in Berlin 1906–1938, Berlin 1972: 137

Müller-Wulckow, Walter: Deutsche Baukunst der Gegenwart. Wohnbauten und Siedlungen, Königstein im Taunus/Leipzig 1929: 68 unten

Posener, Julius: Berlin auf dem Wege zu einer neuen Architektur, 1979: 136

Sawade, Jürgen: 154

Schäche, Wolfgang, Berlin: 101 (Fotobestand)

Schinkel, Karl Friedrich: Sammlung architektonischer Entwürfe ..., Berlin 1819–1840, diverse Ausgaben und Reprints, u.a. Guildford und New York 1989: 48, 49, 50 oben, 53, 55

Senatsverwaltung für Bau- und Wohnungswesen Berlin: 14, 15, 146/147, 164/165

Senatsverwaltung für Stadtentwicklung und Umweltschutz Berlin – Landeskonservator –: 86

Siemensbauten von Hans Hertlein, Wasmuth: 150 unten

Spaeth, David: Mies van der Rohe, DVA: 150 oben

Spittelmarkt – Kritische Rekonstruktion des Bereichs, Berlin 1992 (Städtebau und Architektur, Bericht 5): 131

Staatliche Museen zu Berlin: 46, 50 unten

Städtebaulicher Strukturplan, Berlin 1992 (Städtebau und Architektur, Bericht 6): 111, 113, 115, 130, 132, 133

Stella, Franco: 139 unten, 142 (Fotobestand)

Taut, Bruno: Alpine Architektur, Hagen 1919: 70

Technische Universität Berlin, Universitätsbibliothek, Plansammlung: 57

Whyte, Iain Boyd: 75, 77 (Fotobestand)

Wolters, Rudolf: Stadtmitte Berlin, Tübingen 1978: 90

Woods, Lebbeus: „Terra Nova, 1988–1991", in Architecture and Urbanism, Extra Edition, August 1991: 80

Zevi, Bruno: Erich Mendelsohn. Opera completa, 1970: 152 unten